数字
集成电路
原理、设计、测试与应用

杜树春 编著

U0388002

化学工业出版社

·北京·

内容简介

本书通过丰富的数字电路设计实例，详细介绍了各类型常用数字集成电路从原理分析、设计仿真到检测、应用的全部知识与技能、技巧。内容涵盖各种晶体管电路、触发器电路、振荡器电路、CMOS电路、555集成电路、集成运放电路等的电路原理，Proteus仿真设计方法与技巧、测试与应用技术。本书结合作者多年的电路设计从业经验，引导读者学习和掌握集成电路底层设计的思路与方法。

本书可供集成电路、电子、信息相关领域的技术人员、电子工程师阅读，也可供相关专业高等院校的师生参考。

图书在版编目（CIP）数据

数字集成电路：原理、设计、测试与应用/杜树春编著.—北京：化学工业出版社，2023.1
ISBN 978-7-122-42417-4

Ⅰ.①数… Ⅱ.①杜… Ⅲ.①数字集成电路-电路设计 Ⅳ.① TN431.2

中国版本图书馆 CIP 数据核字（2022）第 199991 号

责任编辑：刘丽宏
文字编辑：袁玉玉　陈小滔
责任校对：宋　玮
装帧设计：刘丽华

出版发行：化学工业出版社（北京市东城区青年湖南街13号　邮政编码100011）
印　　装：高教社（天津）印务有限公司
787mm×1092mm　1/16　印张12¼　字数313千字
2024年1月北京第1版第1次印刷

购书咨询：010-64518888
售后服务：010-64518899
网　　址：http：//www.cip.com.cn
凡购买本书，如有缺损质量问题，本社销售中心负责调换。

定　　价：68.00元

前言

随着信息化时代的到来，集成电路在各行各业中发挥着极其重要的作用。本书着重介绍常用数字电路的使用方法，包括由分立元件构成的数字电路和集成数字电路。本书由大量的数字电路经典实例所组成。对于大多数实用电路，既有电路原理图，也有对应的 Proteus 调试图，还有反映调试结果的各种图表。

本书最大特色是所有的数字电路实例都是采用 Proteus 仿真和调试软件做的。目前电子设计软件有很多，但适用范围广、操作方便、效果逼真的软件要数 Proteus 软件。使用 Proteus 分析方法比传统的调试方法优越得多。传统方法是拿实际的集成电路和电阻、电容等连接起来调试。新方法的调试步骤是：先在电脑上用仿真软件画好电路原理图，在电脑上用仿真软件调试，调试好后再按照调试结果，把实际的集成电路和电阻、电容等焊接起来。这种"纸上谈兵"式的实验或调试方法可大大加快开发进度，降低开发费用。

本书共分8章，第1章介绍由晶体管构成的开关电路，第2章介绍由TTL门电路构成的双稳、单稳、无稳电路，第3章介绍由CMOS门电路构成的双稳、单稳、无稳电路，第4章介绍由集成电路构成的双稳、单稳、无稳电路，第5章介绍由555定时器构成的双稳、单稳、无稳电路，第6章介绍由运算放大器构成的双稳、单稳、无稳电路，第7章介绍由单结晶体管构成的双稳、单稳、无稳电路，第8章介绍 Proteus 软件用法与数字集成电路测试技术。

电子资料包的内容，仍是以书中章节为单位。在每一章（指第1章到第8章）下都有1个章文件夹，每章下面有【例N-1】【例N-2】……例文件夹，例文件夹内是这个例子的名称，打开名称文件夹，又有多个文件。其中，扩展名是"pdsprj"的文件是 Proteus 仿真原理图文件。在 Proteus 软件已安装在电脑中的前提下，双击具有"pdsprj"扩展名的文件就可进入显示电路原理图的画面，也就是 Protues 的调试状态。此时，就可以仿真和调试了。书中的所有例子都已在 Proteus 环境下调试通过，读者既可以原封不动地运行它，也可以用代替法替换其中的部分或边改边试全部元件及其参数。

本书中，Protues 软件是调试电路的工具。在用 Protues 软件画的电路原理图中，电容的单位 μF、nF、pF 分别写为 u、n、p。电阻的单位是 kΩ、MΩ 时，对应的表示法是 k 和 M；当电阻的单位是 Ω 时，只用纯数字表示，如100就表示100Ω。用 Protues 软件画的电路原理图中，符号不能使用下标，如 R_F，只能写为 RF。

　　本书所有实例都是在 Proteus 8.0 下调试通过的。对于初次接触 Proteus 软件的人，在阅读本书正文之前，可以先看一下介绍 Protues 软件基本用法的第 8 章。

　　本书的另一特点是图文并茂、取材新颖、资料丰富、层次分明、实用性强。本书既适合初学者，也适合有一定电子技术基础的爱好者及专业技术人员。

　　目前，一般的工科院校电子、计算机、通信、机电等专业都开有"数字电子技术"课程，本书可作为学生学习数字电子技术的辅助教材。

　　本书适合三部分人阅读或参考：一是学习数字电子技术的高等职业院校、中等职业院校的在校学生；二是和电子专业有关的广大工程技术人员；三是广大电子科技爱好者。

　　由于编著者水平有限，书中难免存在不足之处，恳请读者批评指正（dushuchun@263.net）。

编著者

源程序资料包

公众号
一起学电工电子

目录

第1章　由晶体管构成的开关电路

1.1　双稳态触发器 002
  1.1.1　双稳态触发器的工作原理 002
  1.1.2　双稳态触发电路的触发方式............003
1.2　单稳态触发器 004
  1.2.1　单稳态触发器的电路结构 005
  1.2.2　单稳态触发器的工作原理...............005
  1.2.3　单稳态触发器的用途...................006
1.3　多谐振荡器 007
  1.3.1　多谐振荡器的电路结构 007
  1.3.2　多谐振荡器的工作原理 007
1.4　施密特触发器 008
  1.4.1　施密特触发器的电路结构 008

1.4.2　施密特触发器的工作原理............009
1.4.3　施密特触发器的应用 010
1.5　四种基本电路性能比较 010
1.6　用Proteus软件仿真 011
  1.6.1　由晶体管构成的双稳态触发器
    电路 011
  1.6.2　由晶体管构成的单稳态触发器
    电路 014
  1.6.3　由晶体管构成的多谐振荡器
    电路 016
  1.6.4　由晶体管构成的施密特触发器
    电路 021

第2章　由TTL门电路构成的双稳、单稳、无稳电路

2.1　单稳态触发器 026
2.2　多谐振荡器 028
  2.2.1　对称式多谐振荡器 028
  2.2.2　非对称式多谐振荡器 029
  2.2.3　环形振荡器 029
2.3　施密特触发器 029
2.4　双稳态触发器 030
2.5　用Proteus软件仿真 031
  2.5.1　用TTL与非门组成的微分型单稳态触发
    器电路 031
  2.5.2　用TTL与非门组成的积分型单稳态触发
    器电路 032
  2.5.3　用TTL或非门74LS02和非门74LS04
    组成的单稳态触发器电路 033
  2.5.4　用TTL或非门74LS02组成的单稳态
    触发器电路 034

2.5.5　用TTL与非门74LS00组成的脉冲宽度
  可调的单稳态触发器电路 035
2.5.6　对称式多谐振荡器功能测试电路 036
2.5.7　非对称式多谐振荡器功能测试
  电路 037
2.5.8　环形振荡器功能测试电路 038
2.5.9　用TTL非门组成的施密特触发器
  电路 040
2.5.10　用TTL与非门组成的施密特触发器
  电路 041
2.5.11　用TTL非门组成的双稳态触发器
  电路 041
2.5.12　用TTL与门和或门组成的非互补输出
  双稳态触发器电路 042

第3章　由CMOS门电路构成的双稳、单稳、无稳电路

3.1　单稳态触发器......................045
    3.1.1　微分型单稳态触发器............045
    3.1.2　积分型单稳态触发器........... 048
3.2　多谐振荡器..........................050
    3.2.1　用CMOS门电路CD4069组成的可控
           多谐振荡器电路Ⅰ..............050
    3.2.2　用CMOS门电路CD4069组成的可控
           多谐振荡器电路Ⅱ..............050
    3.2.3　用施密特触发器CD40106组成的非对称
           式多谐振荡器电路..............052
    3.2.4　用施密特触发器CD40106组成的占空比
           可调的多谐振荡器电路..........053

3.3　施密特触发器........................054
    3.3.1　用CMOS反相器CD4069组成的基本
           施密特触发器电路..............054
    3.3.2　用CMOS两输入或非门CD4001组成的
           施密特触发器电路..............055
    3.3.3　用CMOS三输入与非门CD4023组成的
           施密特触发器电路..............056
    3.3.4　用CMOS四输入与非门CD4012组成的
           施密特触发器电路..............057
    3.3.5　用CMOS四输入或非门CD4002组成的
           施密特触发器电路..............058
3.4　双稳态触发器........................059

第4章　由集成电路构成的双稳、单稳、无稳电路

4.1　单稳态触发器........................062
    4.1.1　集成单稳态触发器CC14528
          （CD4098）..................062
    4.1.2　集成单稳态触发器74LS121.............063
    4.1.3　可重复触发单稳态触发器
          74LS123...................064
    4.1.4　非重复触发单稳态触发器
          74LS221...................065
    4.1.5　用Proteus仿真.................066
4.2　施密特触发器........................075

4.2.1　集成电路施密特触发器74LS14 075
4.2.2　集成电路施密特触发器74LS13.......075
4.2.3　集成六施密特触发器（反相）
          CC40106 075
4.2.4　集成四个2输入与非门施密特触发器
          CC4093....................076
4.2.5　用Proteus仿真.................076
4.3　多谐振荡器.......................... 084
    4.3.1　集成函数发生器................ 084
    4.3.2　用Proteus软件仿真............085

第5章　由555定时器构成的双稳、单稳、无稳电路

5.1　认识555定时器......................090
5.2　555定时器电路的工作原理 090
5.3　555定时器电路的应用 091
5.4　用Proteus软件仿真..................094
    5.4.1　由555定时器构成的单稳态触发器
          电路 094
    5.4.2　由555定时器构成的施密特触发器
          性能测试电路 095

5.4.3　由555定时器构成的施密特触发器
          电路 096
5.4.4　由555定时器构成的基本多谐振荡器
          电路 098
5.4.5　由555定时器构成的占空比可调的
          多谐振荡器电路...............099
5.4.6　由555定时器构成的占空比和频率
          都可调的多谐振荡器电路...............100

5.4.7　由555定时器构成的双稳态触发
　　　　电路 101

5.4.8　由555定时器构成的长时间定时
　　　　电路 102

5.4.9　由555定时器构成的双色闪光灯
　　　　电路 104

5.4.10　由555定时器构成的占空比是50%的
　　　　方波发生器电路 105

5.4.11　由555定时器构成的单键开关控制
　　　　灯电路 107

5.4.12　由555定时器构成的通路检测器
　　　　电路 108

5.4.13　由555定时器构成的电子交互闪光
　　　　灯电路 109

5.4.14　由555定时器构成的9只LED顺序
　　　　循环显示灯电路 110

5.4.15　由555定时器构成的9只LED猜谜
　　　　循环灯电路 111

5.4.16　由555定时器构成的红黄爆闪灯
　　　　电路 113

第6章　由运算放大器构成的双稳、单稳、无稳电路

6.1　通用型集成运算放大器 115

6.2　RC正弦波振荡电路 116

6.3　LC正弦波振荡电路 117

6.4　由方波或三角波经低通滤波后形成的
　　　正弦波发生器 119

6.5　矩形波发生器电路 120

6.6　由反相积分器和同相输入迟滞比较器构成的
　　　方波发生器 126

6.7　三角波发生电路 127

6.8　锯齿波发生电路 128

6.9　函数发生器电路 132

6.10　单稳态触发器 134

6.11　施密特触发器 135

6.12　双稳态触发器 136

第7章　由单结晶体管构成的双稳、单稳、无稳电路

7.1　单结晶体管的结构、特性与应用电路 139

7.2　用Proteus软件仿真 141

7.2.1　由单结管构成的基本振荡电路 141

7.2.2　由单结管构成的振荡电路——锯齿波
　　　　发生电路 143

7.2.3　由单结管构成的分频电路 144

7.2.4　由单结管构成的从e脚触发的单稳态

电路 145

7.2.5　由单结管构成的从b2脚触发的单稳态
　　　　电路 146

7.2.6　由两个单结管并联构成的振荡
　　　　电路 147

7.2.7　由单结管构成的三角波振荡电路 148

第8章　Proteus软件用法与数字集成电路测试技术

8.1　进入Proteus ISIS 151

8.2　工作界面 152

8.3　Proteus ISIS电路原理图设计 158

8.4　Proteus ISIS原理图设计中若干注意
　　　事项 168

8.5　Proteus VSM仿真工具 170

8.6 用Proteus 软件测试数字集成电路的
　　方法...172
　　8.6.1 8输入与非门CD4068功能
　　　　　测试...173

8.6.2 多路开关CD4066功能测试.............176
8.6.3 十进制同步可逆计数器74LS190
　　　功能测试 178
8.7 Proteus 软件中的数字图表仿真 182

参考文献...**186**

第1章

由晶体管构成的开关电路

本章主要介绍由晶体管构成的最基本的四种开关电路，分别是：由晶体管构成的双稳态触发器电路、由晶体管构成的单稳态触发器电路、由晶体管构成的多谐振荡器电路以及由晶体管构成的施密特触发器电路。

① 由晶体管构成的双稳态触发器电路1。
② 由晶体管构成的双稳态触发器电路2。
③ 由晶体管构成的单稳态触发器电路1。
④ 由晶体管构成的单稳态触发器电路2。
⑤ 由晶体管构成的多谐振荡器电路1。
⑥ 由晶体管构成的多谐振荡器电路2。
⑦ 由晶体管构成的多谐振荡器应用 - 红绿灯交替闪烁电路。
⑧ 由晶体管构成的多谐振荡器应用 - 双音调电子门铃电路。
⑨ 由晶体管构成的多谐振荡器应用 - 延迟式电子门铃电路。
⑩ 由晶体管构成的施密特触发器性能测试电路。
⑪ 由晶体管构成的施密特触发器电路1。
⑫ 由晶体管构成的施密特触发器电路2。

　　晶体三极管通常简称为晶体管或三极管，是一种具有两个 PN 结的半导体器件。晶体三极管具有放大作用和开关作用，是电子电路中的核心器件之一。

　　晶体管开关电路是以晶体管为电子开关构成的电路，包括双稳态触发器、单稳态触发器、多谐振荡器和施密特触发器四种电路。这些电路在脉冲电路、数字电路、计算机及自动控制中有着广泛的应用。

· 1.1 ·

双稳态触发器

　　双稳态触发器又称双稳态电路。在电子电路中，双稳态电路的特点是：在没有外来触发信号的作用下，电路始终处于原来的稳定状态。在外加输入触发信号作用下，双稳态电路从一个稳定状态翻转到另一个稳定状态。由于它具有两个稳定状态，故称为双稳态电路。双稳态电路在计算机及自动化控制中有着广泛的应用。

　　双稳态电路是一种具有记忆功能的逻辑单元电路，它能储存一位二进制码。它有两个稳定的工作状态，在外加信号触发下电路可从一种稳定的工作状态转换到另一种稳定的工作状态。双稳态电路的特点：

❶ 有两个稳定状态 0 态和 1 态。

❷ 能根据输入信号将触发置成 0 态或 1 态。

❸ 输入信号消失后，被置成的 0 态或 1 态能保存下来，即具有记忆功能。

1.1.1　双稳态触发器的工作原理

　　晶体管双稳态触发器电路如图 1-1 所示。它由 VT_1、VT_2 两个晶体管交叉耦合而成。R_5、R_3 是 VT_1 的基极偏置电阻，R_2、R_6 是 VT_2 的基极偏置电阻，R_1、R_4 分别是两管的集电极电阻。输出信号可以从两个晶体管的集电极取出，两管输出信号相反。

　　双稳态触发器实质上由两个晶体管反相器组合而成，并形成正反馈回路。双稳态触发器形式上改换后的电路如图 1-2 所示，VT_2 的集电极输出端通过 R_5 反馈到 VT_1 的基极输入端。

　　双稳态触发器的两个稳定状态是：要么 VT_1 导通、VT_2 截止；要么 VT_1 截止、VT_2 导通。双稳态触发器的工作原理如下。

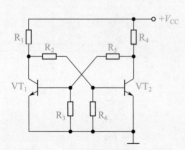

图 1-1　晶体管双稳态触发器

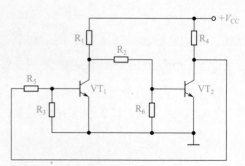

图 1-2　双稳态触发器的另一画法

（1）VT₁ 导通、VT₂ 截止状态

在 VT₁ 导通、VT₂ 截止状态时，因为 VT₁ 导通，$U_{c1}=0V$，VT₂ 因无基极偏流而截止，$U_{c2}=+V_{CC}$，通过 R_5 向 VT₁ 提供偏流 I_{b1}，使 VT₁ 保持导通，如图 1-3 所示，这时电路处于稳定状态。

（2）VT₁ 截止、VT₂ 导通状态

在 VT₁ 截止、VT₂ 导通状态时，因为 VT₂ 导通，$U_{c2}=0V$，VT₁ 因无基极偏流而截止，$U_{c1}=+V_{CC}$，通过 R_2 向 VT₂ 提供偏流 I_{b2}，使 VT₂ 保持导通，如图 1-4 所示，这时电路处于另一稳定状态。

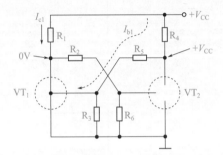 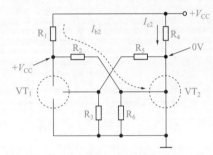

图 1-3　双稳态触发器的 VT₁ 导通、VT₂ 截止状态　　图 1-4　双稳态触发器的 VT₁ 截止、VT₂ 导通状态

1.1.2　双稳态触发电路的触发方式

前面说过双稳态电路在外加信号的触发下，可以从一种稳定状态翻转到另一种稳定状态。双稳态电路的触发方式有两种，一种叫单端触发方式，另一种叫计数触发方式。

（1）单端触发方式

单端触发电路具有两个触发端，使两路触发脉冲分别加到两个晶体管的基极，如图 1-5 所示。该单端触发电路采用将负脉冲加至导通晶体管基极使其截止的方法。C_1 和 R_7、C_2 和 R_8 分别组成两路触发脉冲的微分电路，二极管 VD₁、VD₂ 隔离正脉冲，只允许负脉冲加到晶体管基极。

设电路的初始状态为 VT₁ 导通、VT₂ 截止，电路触发过程如下。

❶ 当在左侧触发端加入触发信号 U_{i1} 时，经 C_1 和 R_7 微分，其上升沿和下降沿分别形成正、负脉冲。正脉冲被 VD₁ 隔离，负脉冲则经过 VD₁ 加至导通管 VT₁ 的基极使其截止。VT₁ 的截止又迫使 VT₂ 导通，双稳态触发器转换为另一种稳定状态。

❷ 同理，当在右侧触发端加入触发信号 U_{i2} 时，微分电路形成的负脉冲使导通管 VT₂ 截止、VT₁ 导通，双稳态触发器再次翻转（恢复原状态）。图 1-6 所示为单端触发工作波形。

（2）计数触发方式

计数触发电路只有一个触发输入端，触发脉冲通过 C_1 和 C_2 加到两个晶体管的基极，如图 1-7 所示。微分电阻 R_7、R_8 不接地而是改接至本侧晶体管的集电极。

当触发端加上触发信号 U_i 时，经微分后产生的负脉冲使导通管截止，而对截止管不起作用。因此，每一个触发脉冲都使双稳态触发器翻转一次，所以叫做计数触发，计数触发工作波形如图 1-8 所示。电阻 R_7、R_8 起引导作用，使每次负触发脉冲只加到导通管基极，保证电路可靠翻转。

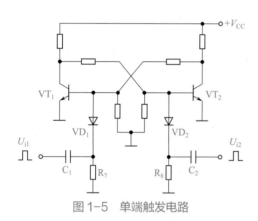

图 1-5　单端触发电路

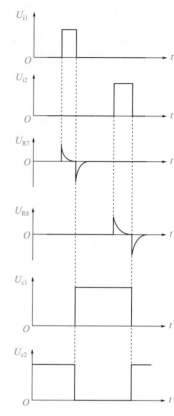

图 1-6　单端触发工作波形

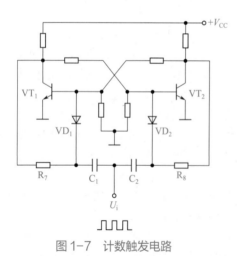

图 1-7　计数触发电路

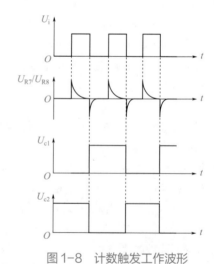

图 1-8　计数触发工作波形

· 1.2 ·

单稳态触发器

　　单稳态触发器，也叫单稳态电路，是数字电路中的基本触发器之一。单稳态触发器有一个稳定状态和一个暂稳态。在外加脉冲的作用下，单稳态触发器可以从一个稳定状态翻转到一个暂稳态。由于电路中 RC 延时环节的作用，该暂态维持一段时间又回到原来的稳态，暂稳态维持的时间取决于 RC 的参数值。

1.2.1　单稳态触发器的电路结构

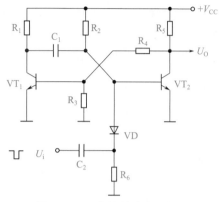

晶体管单稳态触发器电路如图 1-9 所示。它由 VT_1、VT_2 两个晶体管交叉耦合组成。但与双稳态触发器不同的是，单稳态触发器 VT_1 集电极与 VT_2 基极之间改由电容 C_1 耦合。正是由于电容的耦合作用，电路具有单稳态的特性。

R_4、R_3 是 VT_1 的基极偏置电阻，R_2 是 VT_2 的基极偏置电阻，R_1、R_5 分别是两管的集电极电阻。微分电路 C_2、R_6 和隔离二极管 VD 组成触发电路。输出信号可以从两个晶体管的集电极取出，两管输出信号相反。

图 1-9　晶体管单稳态触发器

1.2.2　单稳态触发器的工作原理

单稳态触发器的特点是具有一个稳定状态（VT_1 截止、VT_2 导通）和一个暂稳状态（VT_1 导通、VT_2 截止），下面我们具体分析。

（1）稳定状态

单稳态触发器处于稳定状态时，情况如图 1-10 所示。电源 $+V_{CC}$ 经 R_2 为 VT_2 提供基极偏流 I_{b2}，VT_2 导通，其集电极电压 $U_{c2}=0V$。VT_1 因无基极偏压而截止，其集电极电压 $U_{c1}=+V_{CC}$，电源 $+V_{CC}$ 经 R_1、VT_2 基极 - 发射极向电容 C_1 充电，C_1 上电压为左正右负，大小等于电源电压 $+V_{CC}$。

（2）暂稳状态

当在单稳态触发器的触发端加上一个触发脉冲 U_i 时，经 C_2、R_6 微分（见图 1-9），负触发脉冲通过 VD 加至导通管 VT_2 基极使其截止，$U_{c2}=+V_{CC}$，并通过 R_4 为 VT_1 提供基极偏流 I_{b1}，使 VT_1 导通，U_{c1} 从 $+V_{CC}$ 下跳到 0V。由于电容 C_1 两端电压不能突变，所以在此瞬间 VT_2 基极电压 U_{b2} 将下跳为 $-V_{CC}$，使得 VT_2 在触发脉冲结束之后仍然保持截止状态，这时电路处于暂稳状态，如图 1-11 所示。

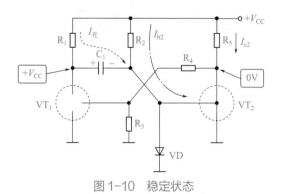

图 1-10　稳定状态　　　　　　　　　　　图 1-11　暂稳状态

进入暂稳状态后，电容 C_1 通过 VT_1 集电极 - 发射极、电源、R_2 不断放电，放电结束后即进行反向充电，VT_2 基极电压 U_{b2} 电位不断上升，如图 1-12 所示。当 U_{b2} 达到 VT_2 的导通阈值 0.7V 时，VT_2 立即导通，并通过 R_4 使 VT_1 截止，电路自动从暂稳状态恢复到稳定状态。

（3）工作波形

单稳态触发器电路各点工作波形如图 1-13 所示。输出脉宽 T_W（即稳态的时间）由 C_1 经 R_2 的放电时间决定，$T_W = 0.7R_2C_1$（s）。在暂稳态时间，VT_2 集电极输出一个宽度为 T_W 的正矩形脉冲，VT_1 集电极则输出一个宽度为 T_W 的负矩形脉冲。

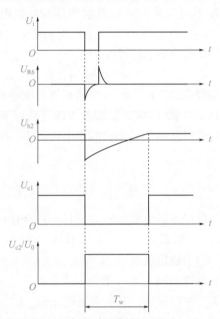

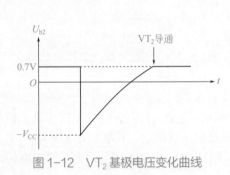

图 1-12　VT_2 基极电压变化曲线　　　　图 1-13　单稳态触发器电路各点工作波形

1.2.3　单稳态触发器的用途

利用单稳态触发器的特性可以实现脉冲整形、脉冲定时和分频等功能。

（1）脉冲整形

利用单稳态触发器能产生一定宽度的脉冲这一特性，可以将过窄或过宽的输入脉冲整形成固定宽度的脉冲输出。一些不规则输入波形，经单稳态触发器处理后，便可得到固定宽度，固定幅度，且上升、下降沿陡峭的规整矩形波输出。

（2）脉冲定时

单稳态触发器能够产生一定宽度 T_W 矩形脉冲，利用这个脉冲去控制某一电路，则可以使它在宽度 T_W 内动作（或者不动作），如图 1-14 所示。

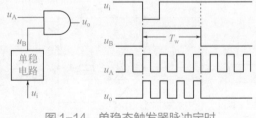

图 1-14　单稳态触发器脉冲定时

（3）分频

将较高的频率降低叫分频。用单稳态触发器可以实现分频。

多谐振荡器

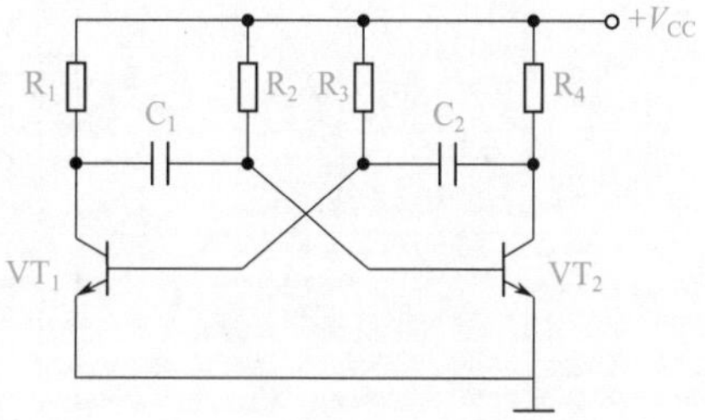

多谐振荡器电路，又称无稳态电路。因为它和双稳态电路及单稳态电路分别有两个稳定状态与一个稳定状态相比，连一个稳定状态都没有，只有两个暂稳态。

多谐振荡器电路也是数字电路中常用的信号源之一。它能自动产生连续的方波信号。

1.3.1 多谐振荡器的电路结构

晶体管多谐振荡器电路如图 1-15 所示，它由 VT_1、VT_2 两个晶体管交叉耦合而成，但与双稳态电路和单稳态电路不同的是，两个晶体管集电极 - 基极间耦合均为电容耦合，图中是由电容 C_1 和 C_2 耦合的。R_1、R_4 分别是两晶体管的集电极电阻，R_2、R_3 分别是两晶体管的基极偏置电阻。

图 1-15 晶体管多谐振荡器电路

1.3.2 多谐振荡器的工作原理

多谐振荡器没有稳定状态，只有两个暂稳状态：或者 VT_1 导通、VT_2 截止，或者 VT_1 截止、VT_2 导通。这两个状态周期性地自动翻转。其工作原理如下。

（1）VT_1 导通、VT_2 截止状态

电路接通电源后，由于接线电阻、分布电容、元件参数不一致等，电路必然是一侧导通一侧截止。当 VT_1 导通、VT_2 截止时，C_2 经 R_4、VT_1 基极 - 发射极充电，充电电流为 $I_{C2充}$；C_1 经 R_2、VT_1 集电极 - 发射极放电，放电电流为 $I_{C1放}$，如图 1-16 所示。

随着 C_1 的放电及反方向充电，当 C_1 右端（即 VT_2 基极）电位达到 0.7V 时，VT_2 由截止变为导通，其集电极电压 U_{c2}=0V。由于 C_2 两端电压不能突变，VT_1 基极电位变为 $-V_{CC}$，因而 VT_1 由导通变为截止，电路翻转为另一暂稳状态。

（2）VT_1 截止、VT_2 导通状态

在 VT_1 截止、VT_2 导通时，C_1 经 R_1、VT_2 基极 - 发射极充电，充电电流为 $I_{C1充}$；C_2 经 R_3、VT_2 集电极 - 发射极放电，放电电流为 $I_{C2放}$，如图 1-17 所示。

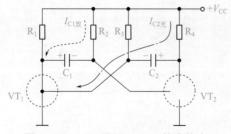

图 1-16 VT_1 导通、VT_2 截止状态

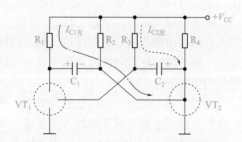

图 1-17 VT_1 截止、VT_2 导通状态

随着 C_2 的放电及反方向充电，当 C_2 左端（即 VT_2 基极）电位达到 0.7V 时，VT_1 导通，其集电极电压 U_{c1}=0V，并通过 C_1 使 VT_2 截止，电路状态又一次翻转。

正是如此周而复始地自动翻转，电路形成自激振荡，振荡周期 T=0.7（$R_2C_1+R_3C_2$）。通常

取 $R_2=R_3=R$，$C_1=C_2=C$，则 $T=1.4RC$（s）。振荡频率 $f=\dfrac{1}{T}$（Hz）。多谐振荡器的工作波形如图 1-18 所示，两晶体管集电极分别输出互为反相的方波脉冲。

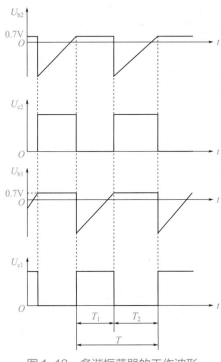

图 1-18　多谐振荡器的工作波形

施密特触发器

施密特触发器电路又叫射极耦合双稳态电路，它是双稳态电路的一种变形。施密特触发器是最常用的整形电路之一，有两个显著特点：一是电路含有正反馈回路；二是具有滞后电压特性，即正向翻转和负向翻转的阈值电压不相等。

施密特触发器有两个稳定状态，但与一般触发器不同的是，施密特触发器采用电位触发方式，其状态由输入信号电位维持。对于负向递减和正向递增两种不同变化方向的输入信号，施密特触发器有不同的阈值电压。

施密特触发器可作为波形整形电路，将模拟信号波形整形为数字电路能够处理的方波波形，而且由于施密特触发器具有滞回特性，所以可用于抗干扰。

1.4.1　施密特触发器的电路结构

晶体管施密特触发器电路如图 1-19 所示，它由两级电阻耦合共发射极晶体管放大器组成。与一般两级电

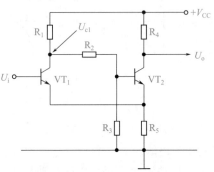

图 1-19　晶体管施密特触发器电路

阻耦合放大器不同的是，两个晶体管 VT_1、VT_2 共用一个发射极电阻 R_5，这就形成强烈的正反馈。R_2、R_3 是 VT_2 的基极偏置电阻，R_1、R_4 分别是 VT_1、VT_2 的集电极负载电阻。

1.4.2　施密特触发器的工作原理

施密特触发器具有两个稳定状态：要么 VT_1 导通、VT_2 截止，要么 VT_1 截止、VT_2 导通。这两个稳定状态在一定条件下能够互相转换。

（1）第一稳定状态

第一稳定状态为 VT_1 截止、VT_2 导通的状态。没有输入信号时，晶体管 VT_1 因无基极偏置电流而截止。电源 $+V_{CC}$ 经 R_1、R_2 为晶体管 VT_2 提供基极偏置电流 I_{b2}，VT_2 导通，其发射极电流 I_{e2} 在发射极电阻 R_5 上产生电压降 U_{R5}（$U_{R5}=I_{e2}R_5$），正是这个电压 U_{R5} 使 VT_1 的发射结处于反向偏置，进一步保证了电路处于稳定的 VT_1 截止、VT_2 导通的状态，如图 1-20 所示。

（2）电路翻转为第二稳定状态

第二稳定状态为 VT_1 导通、VT_2 截止的状态。当足够大的输入信号 U_i 加至施密特触发器输入端（即 VT_1 基极）时，VT_1 导通，其集电极电压 U_{c1} 几乎为 0，使得 VT_2 因失去基极偏流而截止，电路翻转为第二稳定状态。所谓足够大的输入信号，是指输入信号 $U_i \geqslant U_{T+}$，U_{T+} 称为正向阈值电压。

同时 VT_1 发射极电流 I_{e1} 在发射极电阻 R_5 上产生的电压降 U_{R5}（这时 $U_{R5}=I_{e1}R_5$），使 VT_2 的发射结处于反向偏置，进一步保证了电路处于稳定的 VT_1 导通、VT_2 截止的状态，如图 1-21 所示。

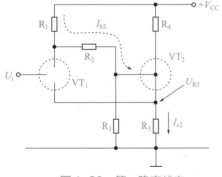

图 1-20　第一稳定状态

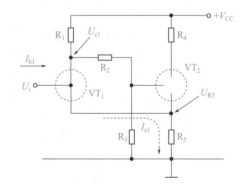

图 1-21　第二稳定状态

（3）电路的再次翻转

当输入信号 U_i 经过峰值后下降至 U_{T+} 时，电路并不翻转，而只有当 U_i 继续下降至 U_{T-} 时，电路才再次发生翻转回到第一稳定状态，即 VT_1 截止、VT_2 导通的状态。

为什么上升和下降的翻转电压不一样呢？这是因为 VT_1 的集电极回路中接有 R_2、R_3 分流支路，使得 VT_1 导通时的发射极电流 I_{e1} 小于 VT_2 导通时的发射极电流 I_{e2}。U_{T-} 称为负向阈值电压，U_{T+} 与 U_{T-} 的差值称为滞后电压 ΔU_T，即 $\Delta U_T = U_{T+} - U_{T-}$。图 1-22 所示为施密特触发器工作波形。

施密特触发器和双稳态触发器是不同的。在一般的双稳态电路中，触发脉冲仅仅是状态转换的触发信号，电路转换

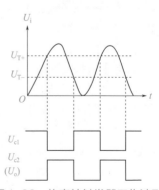

图 1-22　施密特触发器工作波形

以后的稳定状态并不需要由触发脉冲来维持。而在施密特触发器中，不仅状态的转换要由输入信号来触发，而且输出的高、低电平也要依靠输入信号的高、低电平来维持。

1.4.3 施密特触发器的应用

（1）波形变换

可将三角波、正弦波、周期性波等波形变成矩形波。

（2）脉冲波的整形

数字系统中，矩形脉冲在传输中经常发生波形畸变，出现上升沿和下降沿不理想的情况，可用施密特触发器整形后，获得较理想的矩形脉冲。

（3）脉冲鉴幅

幅度不同、不规则的脉冲信号施加到施密特触发器的输入端时，能选择幅度大于预设值的脉冲信号进行输出。

（4）构成多谐振荡器

幅值不同的信号在通过加上一个合适电容的施密特触发器后会产生矩形脉冲，矩形波脉冲信号常用作脉冲信号源及时序电路中的时钟信号。

· 1.5 ·

四种基本电路性能比较

为了对双稳态触发器、单稳态触发器、无稳态电路及施密特触发器电路的特点进一步地了解及增强记忆，我们将这四种电路比作四种门。

如果我们把双稳态比作一扇门，则门的"关"与"开"是它的两个稳定状态。假设原来是关着的，需要人去推开它（相当于有一个触发信号输入），门才打开。假若门打开后不再关上它（相当于触发信号不再来），门就一直敞开着，直到有人把它关上（相当于再输入一个触发信号），它再恢复到原来"关"的状态。

我们把单稳态比作一扇装有弹簧的门，平时是关闭的，"关"就是它的稳定状态，当人们推开它时（相当于有一个脉冲信号的触发），门打开了。但由于弹簧的作用，随后它又自动关上了，恢复到原来"关"的状态。因此，"开"是弹簧门的不稳定状态，或者称作暂时稳定的状态，其时间的长短，由弹力大小决定。可见单稳态电路的特点是：当触发脉冲没有加之前，电路一直保持在一管截止、一管导通的稳定状态；而当输入一个脉冲以后，电路状态暂时发生翻转，进入暂稳态；过了一定时间以后，它又自动恢复到原来状态；而这个暂稳状态的时间是可以调节的。这就是说，它只有一个稳定状态，还有一个暂稳状态。

自激多谐振荡器或无稳态电路只有两个暂稳态。因此电路一接电源，它就能不断地输出方波。我们把自激多谐振荡器或无稳态电路，比作一扇自动开合的门，无需人的干预，它就不停地以固定的时间间隔打开和关上。

施密特触发器和双稳态触发器类似，也可比作一扇门，门的"关"与"开"是它的两个稳定状态。施密特触发器和双稳态触发器不同的地方是：双稳态触发器不论开门还是关门都是来一个触发信号就行，施密特触发器的开门要求输入信号的幅度要达到正向阈值电压（或上限阈值电压），关门要求输入信号的幅度要达到负向阈值电压（或下限阈值电压）。也就是说，施密特触发器和双稳态触发器都可以看作一扇门；不过，双稳态触发器不论开门还是关门的用力一样大，而施密特触发器开门比关门的用力大。

总而言之，双稳态触发器可以看作一扇普通门，开门关门都要人干预；单稳态可以比作一扇装有弹簧的门，开门要人干预，关门不用人管，它会自动弹回；自激多谐振荡器，可以比作一扇不断自动开合的门；施密特触发器和双稳态触发器类似，但开门比关门的用力要大。

这四种开关电路有同有异，其性能的比较见表1-1。

表1-1　双稳态、单稳态、多谐振荡器及施密特触发器电路比较

项目	双稳态触发器	单稳态触发器	多谐振荡器	施密特触发器
稳定状态	有两个稳定状态	有一个稳定状态	没有稳定状态	有两个稳定状态
转换情况	需外界触发才能翻转	在外界触发下进入暂稳态，过一定时间后又自动返回稳定状态	不需外界触发，依靠电容充放电自动周期性地翻转	需外界触发才能翻转。输入信号达到某一幅度才能触发
主要作用	分频、整形、记忆、计数	整形、延时、定时、分频	产生矩形波信号	整形、波形变换、电压比较、幅度鉴别

· 1.6 ·

用 Proteus 软件仿真

1.6.1　由晶体管构成的双稳态触发器电路

【例 1-1】 由晶体管构成的双稳态触发器电路 1 如图 1-23 所示。已知，电路中晶体管 Q1、Q2 均为 BC108，$RL1=RL2=500\Omega$，$RB1=RB2=50k\Omega$，$C1=C2=50nF$，电源 B1 为 +12V，二极管 VD1 和 VD2 都是 1N4148，$R3=10k\Omega$，$C3=1000pF$。在 C3（2）处输入正弦波作为触发信号，属于计数触发方式。在 Q2、Q1 的集电极处接虚拟示波器观察输出信号。

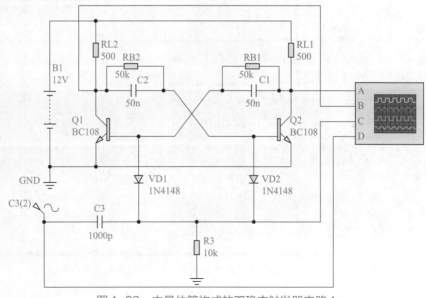

图 1-23　由晶体管构成的双稳态触发器电路 1

在 C3（2）处输入频率为 400Hz、幅度是 3V 的正弦波信号，用 Proteus 交互仿真功能，可以测出电路的输出波形，如图 1-24 和图 1-25 所示。图 1-25 中 D 通道的绿线为用于触发的正弦波信号，C 通道的红线为输入的正微分信号，B 通道的蓝线为 Q1 集电极处输出矩形脉冲波，A 通道的黄线为 Q2 集电极处输出矩形脉冲波，可见 A 通道和 B 通道的矩形脉冲波形大小、形状相同，相位相反（黄、绿、红、蓝线的标注见图 1-24，下同）。

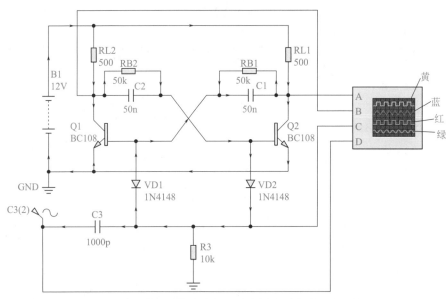

图 1-24　由晶体管构成的双稳态触发器电路 1 在运行

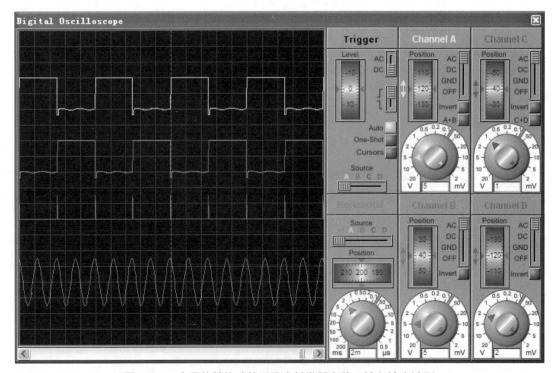

图 1-25　由晶体管构成的双稳态触发器电路 1 输入输出波形

【例 1-2】　由晶体管构成的双稳态触发器电路 2 如图 1-26 所示。已知，电路中晶体管 Q1、

Q2 均为 BC301，$RL1=RL2=400\Omega$，$RB1=RB2=60\mathrm{k}\Omega$，$C1=C2=100\mathrm{nF}$，电源 B1 为 +12V，二极管 VD1 和 VD2 都是 1N4148，$R3=10\mathrm{k}\Omega$，$C3=1000\mathrm{pF}$。在 C3（2）处输入方波作为触发信号，属于计数触发方式。在 Q2、Q1 的集电极处接虚拟示波器观察输出信号。

　　在 C3（2）处输入频率为 40kHz、幅度是 1V 的矩形波信号（方波触发信号的频率和幅度设定见图 1-27），用 Proteus 交互仿真功能，可以测出电路的输出波形，如图 1-28 所示。图 1-28 中 D 通道的绿线为用于触发的矩形波信号，C 通道的红线为输入信号微分后的正负尖脉冲信号，B 通道的蓝线为 Q1 集电极处输出矩形脉冲波，A 通道的黄线为 Q2 集电极处输出矩形脉冲波，可见 A 通道和 B 通道的矩形脉冲波形大小、形状相同，相位相反。

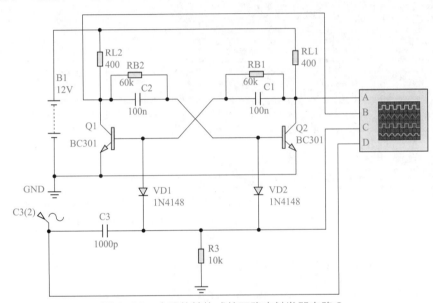

图 1-26　由晶体管构成的双稳态触发器电路 2

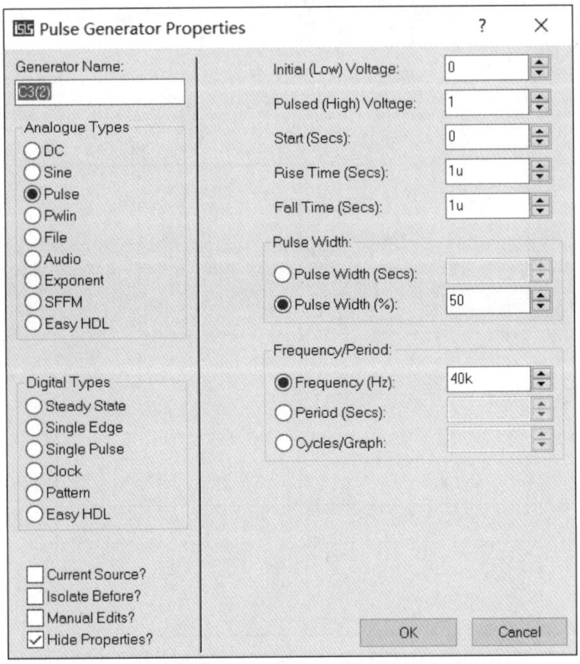

图 1-27　方波触发信号的频率和幅度设定

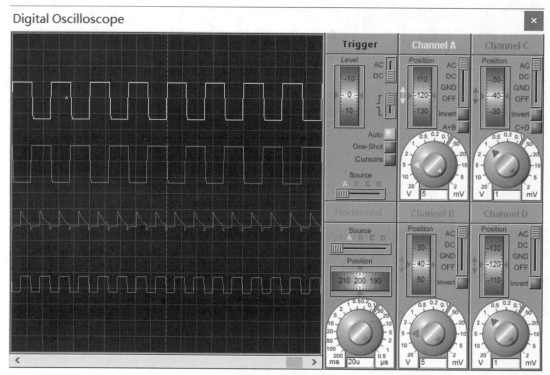

图1-28　由晶体管构成的双稳态触发器电路 2输入输出波形

1.6.2　由晶体管构成的单稳态触发器电路

【例1-3】　由晶体管构成的单稳态触发器电路 1 如图 1-29 所示。已知，电路中晶体管 Q1、Q2 均为 BC108，$RL1=RL2=500\Omega$，$RB1=RB2=50k\Omega$，$C1=C2=50nF$，电源 B1 为 +12V，二极管 VD1 是 1N4148，$R3=10k\Omega$，$C3=1000pF$。在 C3（2）处输入近似方波信号，在 Q2 的集电极处接虚拟示波器观察输出信号。

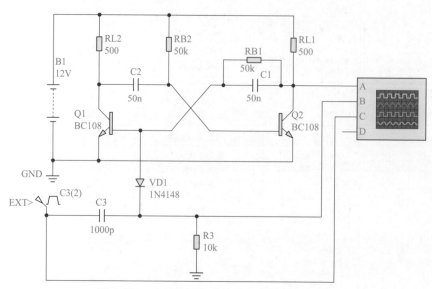

图1-29　由晶体管构成的单稳态触发器电路 1

在 C3（2）处输入频率为 400Hz、幅度是 4V 的近似方波信号，用 Proteus 交互仿真功能，可以测出电路的输出波形，如图 1-30 所示。图 1-30 中 C 通道的红线为用于触发的近似方波信号，B 通道的蓝线为输入的正负微分信号，A 通道的黄线为输出的矩形波。可以看出矩形波的脉冲宽度约为 1.4ms。

根据单稳态触发器电路输出脉宽 T_w 公式，知 $T_\text{w}=0.7R_2C_1（\text{s}）$，这里 $R_2=RB2=50\text{k}\Omega$，$C1=C2=50\text{nF}$。故 $T_\text{w}=0.7\times50\times10^3\times50\times10^{-9}=1.75（\text{ms}）$，可见两者间有一定的误差。

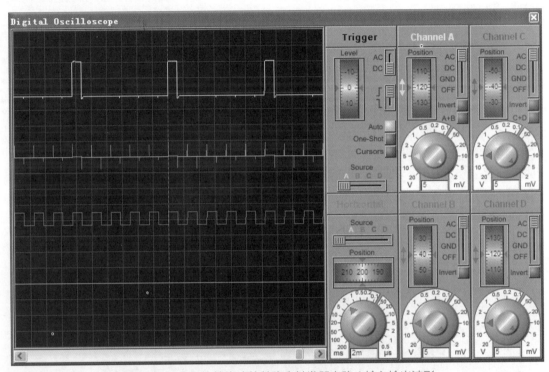

图 1-30　由晶体管构成的单稳态触发器电路 1 输入输出波形

【例 1-4】　由晶体管构成的单稳态触发器电路 2 如图 1-31 所示。已知，电路中晶体管 Q1、

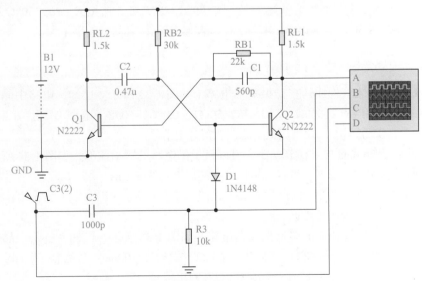

图 1-31　由晶体管构成的单稳态触发器电路 2

Q2 均 为 2N2222，$RL1=RL2=1.5\text{k}\Omega$，$RB1=22\text{k}\Omega$，$RB2=30\text{k}\Omega$，$C1=560\text{pF}$，$C2=0.47\mu\text{F}$，电 源 B1 为 +12V，二极管 D1 是 1N4148，$R3=10\text{k}\Omega$，$C3=1000\text{pF}$。在 C3（2）处输入近似方波信号，在 Q2 的集电极处接虚拟示波器观察输出信号。

在 C3（2）处输入频率为 100Hz、幅度是 5V 的近似方波信号，用 Proteus 交互仿真功能，可以测出电路的输出波形，如图 1-32 所示。图 1-32 中 C 通道的红线为用于触发的近似方波信号，B 通道的蓝线为输入的正负微分信号，A 通道的黄线为输出的矩形波。可以看出矩形波的脉冲宽度约为 10ms。

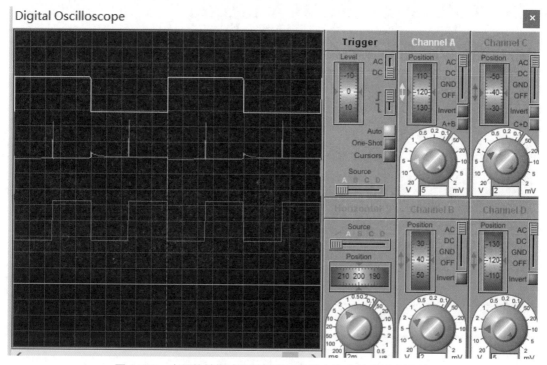

图 1-32　由晶体管构成的单稳态触发器电路 2 输入输出波形

根据单稳态触发器电路输出脉宽 T_w 公式，知 $T_\text{w}=0.7R_2C_1$，这里 $R_2=RB2=30\text{k}\Omega$，$C1=C2=0.47\mu\text{F}$。故 $T_\text{w}=0.7\times30\times10^3\times0.47\times10^{-6}=9.87\,(\text{ms})$，可见两者间的差别不大。

1.6.3　由晶体管构成的多谐振荡器电路

【例 1-5】 由晶体管构成的多谐振荡器电路 1 如图 1-33 所示。已知，电路中晶体管 Q1、Q2 均为 BC108，$RL1=RL2=500\Omega$，$RB1=RB2=50\text{k}\Omega$，$C1=C2=50\text{nF}$，电源 B1 为 +6V。此电路无输入信号，在 Q2 的集电极处接虚拟示波器观察输出信号。

让程序运行，Proteus 交互仿真开始，可以显示出电路的输出波形，如图 1-34 所示。图中 A 通道的黄线为输出的矩形波。可以看出矩形波的周期约为 3.2ms。

根据多谐振荡器电路输出方波周期公式，知 $T_\text{w}=1.4RC=RB1\times C1=1.4\times50\times10^3\times50\times10^{-9}=3.5\,(\text{ms})$，可见两者比较接近。

【例 1-6】 由晶体管构成的多谐振荡器电路 2 如图 1-35 所示。已知，电路中晶体管 Q1、Q2 均为 BC301，$RL1=RL2=600\Omega$，$RB1=RB2=60\text{k}\Omega$，$C1=C2=100\text{nF}$，电源 B1 为 +6V。此电路无输入信号，在 Q2 的集电极处接虚拟示波器观察输出信号。

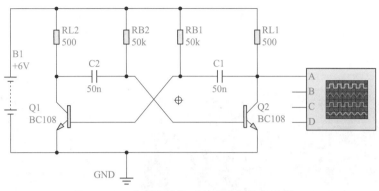

图1-33 由晶体管构成的多谐振荡器电路1

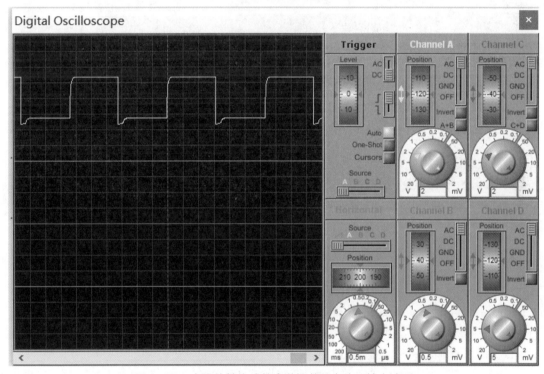

图1-34 由晶体管构成的多谐振荡器电路1输出波形

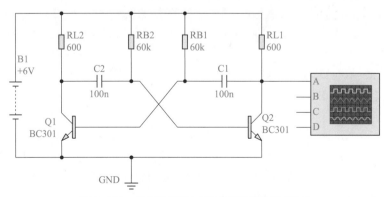

图1-35 由晶体管构成的多谐振荡器电路2

让程序运行，Proteus 交互仿真开始，可以显示出电路的输出波形，如图 1-36 所示。图中 A 通道的黄线为输出的矩形波。可以看出矩形波的周期约为 8.0ms。

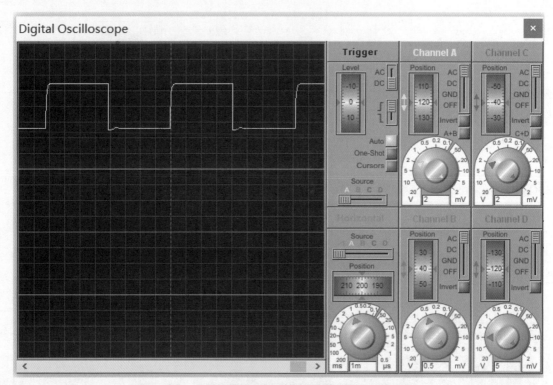

图 1-36　由晶体管构成的多谐振荡器电路 2 输出波形

根据多谐振荡器电路输出方波周期公式，知 $T_w=1.4RC=RB1 \times C1=1.4 \times 60 \times 10^3 \times 100 \times 10^{-9}=8.4（ms）$，可见两者比较接近。

【例 1-7】　由晶体管构成的多谐振荡器应用 - 红绿灯交替闪烁电路如图 1-37 所示。已知，电路中晶体管 Q1、Q2 均为 BC303，$R1=R4=100\Omega$，$R2=R3=47k\Omega$，$C1=C2=47\mu F$，D1 为红色 LED，D2 为绿色 LED，电源电压 B1 为 +3V。此电路无输入信号，在 Q2 的集电极处接虚拟直流电压表用于检测电压。

让程序运行，Proteus 交互仿真开始，可以显示出电路的运行状况，如图 1-38 所示。图中红色发光二极管和绿色发光二极管交替点亮。更改电阻 R2、R3 的阻值或电容 C1、C2 的值，可以调节振荡频率，从而改变两只发光二极管交替闪烁的快慢。

【例 1-8】　由晶体管构成的多谐振荡器应用 - 双音调电子门铃电路如图 1-39 所示。已知，电路中晶体管 Q1、Q2、Q3 均为 BC301，Q4 为 BC303，$R1=R4=10k\Omega$，$R2=R3=47k\Omega$，$C1=C2=10\mu F$，$R5=100k\Omega$，$R6=47k\Omega$，$R7=1k\Omega$，$C3=0.1\mu F$，$C4=100\mu F$，BUZ1 为扬声器，S1 为无锁开关，电源电压 B1 为 +3V。此电路无输入信号，在 B1 的正极接虚拟直流电压表用于检测电源电压。

让程序运行，Proteus 交互仿真开始，把 S1 按下，立即显示电路的运行状况，同时发出"呜哇"的双声音，如图 1-40 所示。该电路是一个能发出高低两种声音的门铃电路，晶体管 Q1、Q2 及外围元件等组成自激多谐振荡器，Q3、Q4 构成互补型音频振荡器，C4 为退耦电容。更改电阻 R5、R6 的阻值，可以分别调整"呜哇"双音的音调。

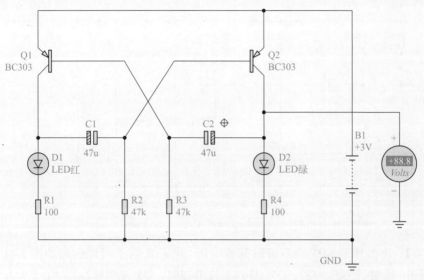

图1-37　由晶体管构成的多谐振荡器应用－红绿灯交替闪烁电路

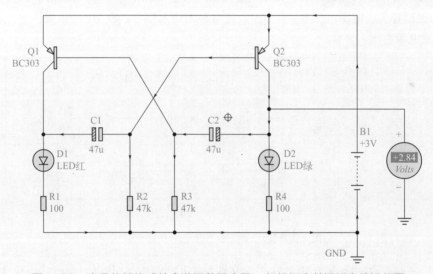

图1-38　由晶体管构成的多谐振荡器应用－红绿灯交替闪烁电路运行图

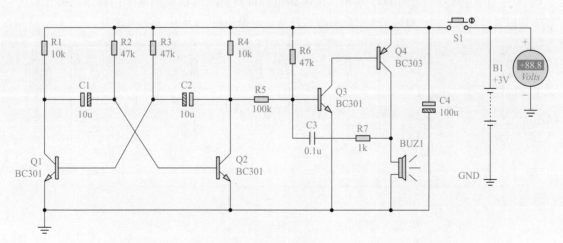

图1-39　由晶体管构成的多谐振荡器应用－双音调电子门铃电路

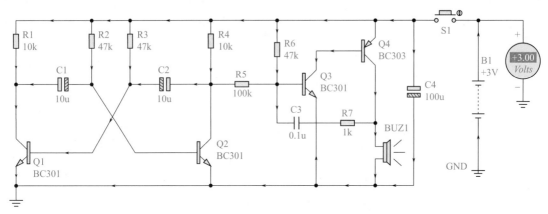

图 1-40   由晶体管构成的多谐振荡器应用－双音调电子门铃电路运行图

【例 1-9】   由晶体管构成的多谐振荡器应用 - 延迟式电子门铃电路如图 1-41 所示。已知，电 路 中 晶体管 Q1、Q2、Q3、Q4 均 为 BC301，Q5 为 2N2222，$R1=27\text{k}\Omega$，$R2=2\text{k}\Omega$，$R3=R6=10\text{k}\Omega$，$R4=R5=100\text{k}\Omega$，$R7=1\text{k}\Omega$，$C1=47\mu\text{F}$，$C2=10\mu\text{F}$，$C3=C4=0.01\mu\text{F}$，BUZ1 为扬声器，S1 为无锁开关，电源电压 B1 为 +6V。此电路无输入信号，在 B1 的正极接虚拟直流电压表用于监测电源电压。

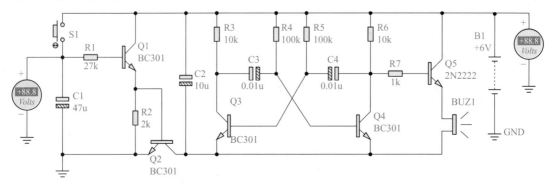

图 1-41   由晶体管构成的多谐振荡器应用－延迟式电子门铃电路

让程序运行，Proteus 交互仿真开始，立即显示电路的运行状况，按一下 S1，即可听到"呜——"的门铃声，如图 1-42 所示。该电路是一种具有延时功能的电子门铃，三极管 Q1、Q2 构成延迟开关电路，Q3、Q4 组成对称式自激多谐振荡器，Q5 用于功率放大。

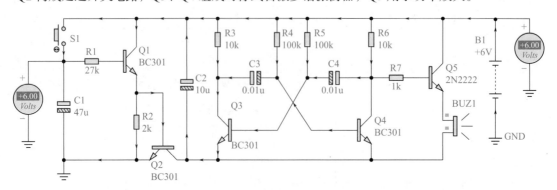

图 1-42   由晶体管构成的多谐振荡器应用－延迟式电子门铃电路运行图

电路延迟时间由 C1 的容量和 R1 的阻值来决定，取值越大，延时时间越长。

1.6.4 由晶体管构成的施密特触发器电路

【例 1-10】 由晶体管构成的施密特触发器性能测试电路如图 1-43 所示。已知，电路中晶体管 Q1、Q2 均为 BC301，$RC1=RC2=2.4k\Omega$，$RK=6.8k\Omega$，$RB=8.2k\Omega$，$RE=120\Omega$，电源 B1 为 +12V。在 VI 处输入直流电压信号，在 Q2 的集电极处接虚拟直流电压表测量输出信号。

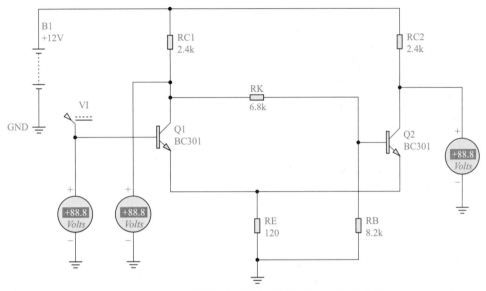

图 1-43 由晶体管构成的施密特触发器性能测试电路

首先，在 VI 处输入幅度是 0V 的直流电压信号，用 Proteus 交互仿真功能，可以测出电路的输出电压，如图 1-44 所示。图中 VI 处直流电压表显示 "0.00"，在 Q2 的集电极处接的虚拟直流电压表显示 "+0.75"。

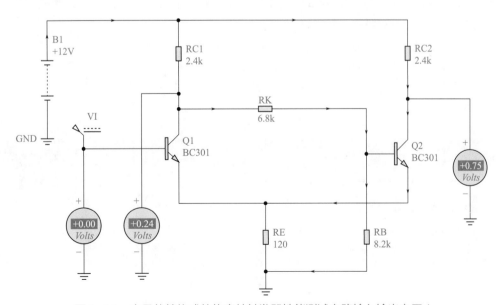

图 1-44 由晶体管构成的施密特触发器性能测试电路输入输出电压 1

其次，在 VI 处输入幅度是 +1.7V 的直流电压，重新仿真，其输入输出电压，如图 1-45 所示。图中 VI 处直流电压表显示"+1.70"，在 Q2 的集电极处接的直流电压表显示"+12.0"。这表明，该施密特触发器电路输出的翻转电压是 +1.7V。

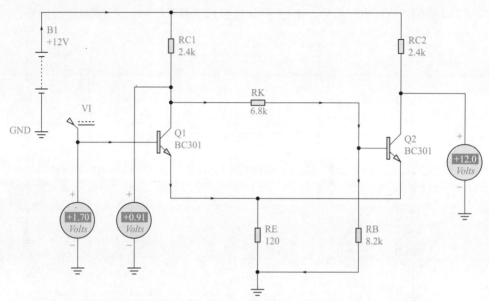

图 1-45 由晶体管构成的施密特触发器性能测试电路输入输出电压 2

可见，用这种从小到大增加输入电压并逐次测出输出电压的方法，不能测出施密特触发器的上限阈值电压 V_{T+} 和下限阈值电压 V_{T-}。

【例 1-11】 由晶体管构成的施密特触发器电路 1 如图 1-46 所示。已知，电路中晶体管 Q1、Q2 均为 BC108，$RC1=RC2=800\Omega$，$RK=5.1k\Omega$，$RB=22k\Omega$，$RE=400\Omega$，$C1=1\mu F$，$C2=300pF$，$R1=4k\Omega$，$R2=2k\Omega$，电位器 $RV1=10k\Omega$，电源 B1 为 +12V。在 C1（2）处输入正弦波信号，在 Q2 的集电极处接虚拟示波器观察输出信号。

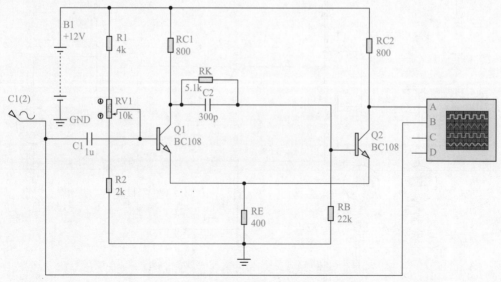

图 1-46 由晶体管构成的施密特触发器电路 1

在 C1（2）处输入频率为 1MHz、幅度是 4V 的正弦波信号，用 Proteus 交互仿真功能，可以测出电路的输出波形，如图 1-47 所示。图中 B 通道的蓝线为输入的正弦波信号，A 通道的黄线为输出的矩形波。这表明，施密特触发器可将诸如正弦波信号等周期信号变换为同频率的边沿陡峭的矩形脉冲信号。

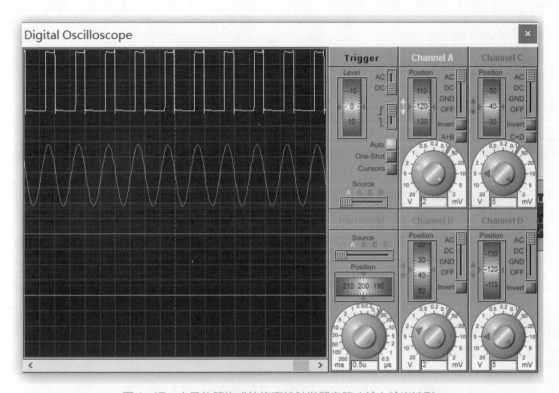

图 1-47　由晶体管构成的施密特触发器电路 1 输入输出波形

【例 1-12】　由晶体管构成的施密特触发器电路 2 如图 1-48 所示。已知，电路中晶体管 Q1、Q2 均为 2N2222，$RC1=RC2=2.2k\Omega$，$RK=39k\Omega$，$RB=68k\Omega$，$RE=560\Omega$，电源 B1 为 +12V。在 Q1（B）处输入触发信号，在 Q2 的集电极处接虚拟示波器观察输出信号。

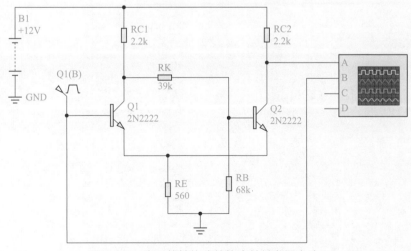

图 1-48　由晶体管构成的施密特触发器电路 2

在 Q1（B）处输入频率为 1Hz、幅度是 5V 的锯齿波信号，用 Proteus 交互仿真功能，可以测出电路的输出波形，如图 1-49 所示。图中 B 通道的蓝线为输入的锯齿波信号，A 通道的黄线为输出的矩形波。这表明，施密特触发器可将诸如锯齿波等周期信号变换为同频率的矩形脉冲信号。

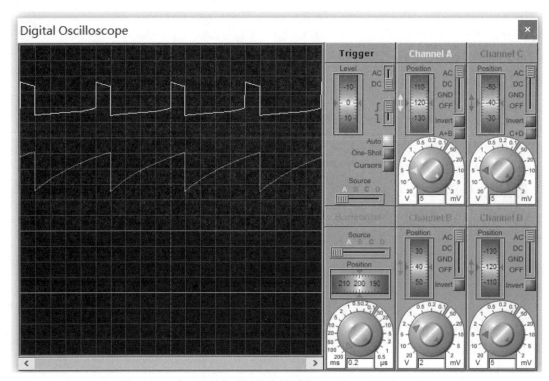

图 1-49　由晶体管构成的施密特触发器电路 2 输入输出波形

第2章　由TTL门电路构成的双稳、单稳、无稳电路

本章介绍用 TTL 门电路构成的双稳态电路、单稳态电路、自激多谐振荡器电路和施密特触发器电路。

① 用 TTL 与非门组成的微分型单稳态触发器电路。

② 用 TTL 与非门组成的积分型单稳态触发器电路。

③ 用 TTL 或非门 74LS02 和非门 74LS04组成的单稳态触发器电路。

④ 用 TTL 或非门 74LS02 组成的单稳态触发器电路。

⑤ 用 TTL 与非门 74LS00 组成的脉冲宽度可调的单稳态触发器电路。

⑥ 用 TTL 门电路组成的对称式多谐振荡器功能测试电路。

⑦ 用 TTL 门电路组成的非对称式多谐振荡器功能测试电路。

⑧ 用 TTL 门电路组成的环形振荡器功能测试电路。

⑨ 用 TTL 非门组成的施密特触发器电路。

⑩ 用 TTL 与非门组成的施密特触发器电路。

⑪ 用 TTL 非门组成的双稳态触发器电路。

⑫ 用 TTL 与门和或门组成的非互补输出双稳态触发器电路。

TTL 是 Transistor-Transistor Logic 的缩写，TTL 电路是晶体管 - 晶体管逻辑电路。TTL 电路的电源电压一般在 4.5 ～ 5.5V。工作温度为 0 ～ 70℃或 -55 ～ 125℃。TTL 集成电路是一种单片集成电路，在这种集成电路中，一个逻辑电路的所有元器件和连线都制作在同一块半导体芯片上。TTL 门电路包括与门、或门、非门、与非门、或非门、异或门、与或非门、异或非门、OC/OD 与非门和三态输出门等。

·2.1·
单稳态触发器

单稳态触发器有如下几个特点。

第一，电路有一个稳定状态（或称稳态）和一个暂稳状态（或称暂稳态）。无信号触发时，电路长期处于稳定状态。

第二，在外来触发脉冲信号作用下，电路由稳定状态翻转到暂稳状态。暂稳状态是不能长久保持的状态，经过一段时间后，电路会自动返回到稳定状态。

第三，暂稳状态持续时间的长短取决于电路的定时元件参数，与触发脉冲的宽度和幅度无关。

单稳态触发器可以由 TTL 或 CMOS 门电路构成，也有集成的单稳态电路芯片。

现在介绍由 TTL 与非门组成的单稳态触发器。

利用与非门作开关，依靠元件 RC 电路的充、放电功能来控制与非门的启、闭。单稳态电路有微分型和积分型两大类，这两类触发器对触发脉冲的极性和宽度有不同的要求。

（1）微分型单稳态触发器

如图 2-1 所示为微分型单稳态触发器电路，该电路为负脉冲触发电路。其中，R_P、C_P 构成输入端微分隔直电路。R、C 构成微分型定时电路，R、C 的取值不同，输出脉宽 T_W 也不同，$T_W \approx (0.7 \sim 1.3)RC$。门 G_3 起整形、倒相作用。图 2-2 为微分型单稳态触发器各点的波形图，现结合波形图说明其工作原理。

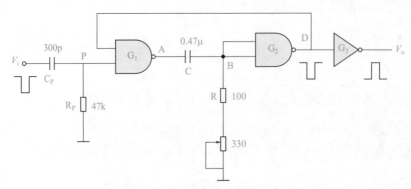

图 2-1　微分型单稳态触发器电路

❶ 无外界触发脉冲时电路初始稳态（$t < t_1$）。稳态时 V_i 为高电平。适当选择电阻 R 的阻值，使与非门 G_2 输入电压 V_B 小于门的关门电平（$V_B < V_{off}$），则门 G_2 关闭，输入 V_D 为高电平。适当选择电阻 R_P 的阻值，使与非门 G_1 的输入电压 V_P 大于门的开门电平（$V_P > V_{on}$），于是 G_1 的两个输入端全为高电平，则 G_1 开启，输出 V_A 为低电平（为方便计算，取 $V_{off}=V_{on}=V_T$）。

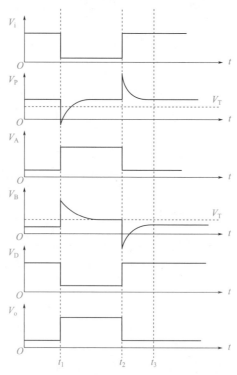

图2-2　微分型单稳态触发器各点的波形图

❷ 触发翻转（$t=t_1$）。V_i 负跳变，V_P 也负跳变，门 G_1 输出 V_A 升高，经电容 C 耦合，V_B 也升高，门 G_2 输出 V_D 降低，正反馈到 G_1 输入端，使 G_1 输出 V_A 由低电平迅速上跳到高电平，G_1 迅速关闭；V_B 也上跳至高电平，G_2 输出 V_D 则迅速下跳至低电平，G_2 迅速开通。

❸ 暂稳状态（$t_1 < t < t_2$）。$t=t_1$ 之后，G_1 输出高电平，对电容 C 充电，V_B 随之按指数规律下降。但只要 $V_B > V_T$，G_1 关、G_2 开的状态将维持不变，V_A、V_D 也维持不变。

❹ 自动翻转（$t=t_2$）。$t=t_2$ 时，V_B 下降至门的关门电平 V_T，G_2 的输出 V_D 升高，G_1 的输出 V_A 降低，G_1 的输出 V_A 正反馈作用使电路迅速翻转至 G_1 开启、G_2 关闭的初始稳态。暂稳态持续时间的长短，取决于电容 C 充电时间常数 $\tau=RC$。

❺ 恢复过程（$t_2 < t < t_3$）。电路自动翻转至 G_1 开启、G_2 关闭后，V_B 不是立即回到初始稳态值，这是因为电容 C 要有一个放电的过程。$t > t_3$ 以后，如 V_i 再出现负跳变，则电路将重复上述过程。如果输入脉冲宽度较小时，则输入端可省去 R_PC_P 微分电路。

（2）积分型单稳态触发器

如图 2-3 所示，电路采用正脉冲触发，工作波形如图 2-4 所示。电路的稳定条件是 $R \leqslant 1k\Omega$，输出脉冲宽度 $T_W=1.1RC$。

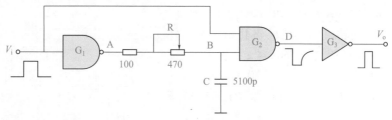

图2-3　积分型单稳态触发器电路

单稳态触发器的共同特点是：触发脉冲加入之前，电路处于稳态；触发脉冲加入后，电路立刻进入暂稳态，暂稳态的持续时间，即输出脉冲的宽度 T_W 只取决于 RC 值的大小，与触发脉冲宽度无关。

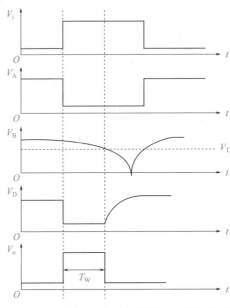

图 2-4　积分型单稳态触发器各点的波形图

· 2.2 ·

多谐振荡器

多谐振荡器是一种自激振荡器，在接通电源以后，不需要外加触发信号，便能自动地产生矩形脉冲。由于矩形波中含有丰富的高次谐波分量，所以习惯上又将矩形波振荡器称为多谐振荡器。多谐振荡器是数字电路中四大基本电路之一。另外三种基本电路是双稳态电路、单稳态电路和施密特电路。

多谐振荡器又分为对称式多谐振荡器、非对称式多谐振荡器和环形振荡器三种。以下逐一介绍这些多谐振荡器。

2.2.1　对称式多谐振荡器

图 2-5 是对称式多谐振荡器电路图。它是由两个反相器 U1:A 和 U1:B 经耦合电容 C1、C2 连接起来的正反馈振荡回路。此振荡回路共用三种元件：两个反相器，两个电阻，两个电容。每种元件的参数是相同的，在电路中所处的位置是对称的。图中 U1:A 和 U1:B 为 74LS04 反相器，$C1=C2=0.1\mu F$，$R1=R2=1k\Omega$。

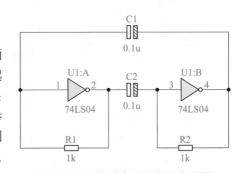

图 2-5　对称式多谐振荡器电路图

2.2.2　非对称式多谐振荡器

图 2-6 是非对称式多谐振荡器电路图。它是在前面介绍的对称式多谐振荡器电路图中去掉 C2 和 R2 后形成的。这样的振荡电路就成为非对称的。图中 U1:A 和 U1:B 为 74LS04 反相器，$C1=0.01\mu F$，$R1=100\Omega$，$RV1=4.7k\Omega$。

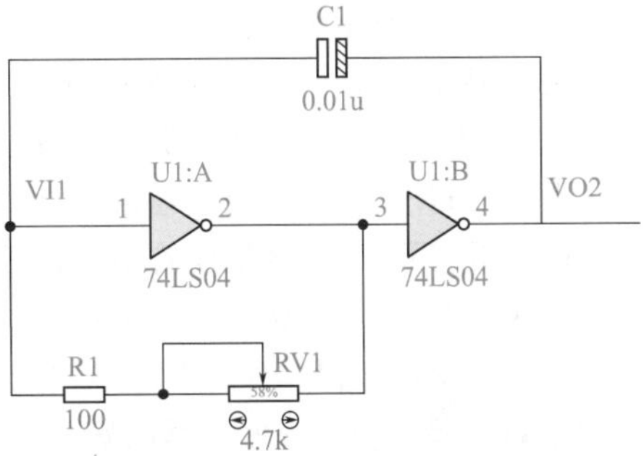

2.2.3　环形振荡器

利用闭合回路的正反馈作用可以产生自激振荡；

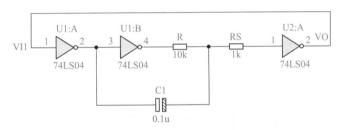

图 2-6　非对称式多谐振荡器电路图

只要负反馈信号足够强，利用闭合回路的延迟负反馈作用同样也能产生自激振荡。环形振荡器就是利用延迟负反馈产生振荡的。它是利用门电路的传输延迟时间将奇数个反相器首尾相接而构成的。图 2-7 是环形振荡器电路图。它由三个反相器 U1:A、U1:B 和 U2:A，两个电阻 R 和 RS，一个电容 C1 组成。三个反相器为 74LS04 反相器，$R=10k\Omega$，$RS=1k\Omega$，$C1=0.1\mu F$。

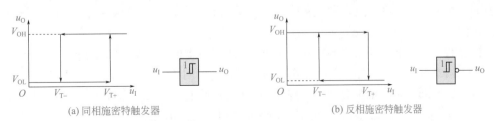

图 2-7　环形振荡器电路图

·2.3·　施密特触发器

施密特触发器有如下特点。

第一，触发器有两个稳定状态，表示为Ⅰ和Ⅱ。在输入信号作用下触发器的状态可以发生改变，属于电平触发，对于缓慢变化的信号仍然适用。

第二，触发状态由Ⅰ变为Ⅱ与由Ⅱ变为Ⅰ所需的输入触发电平是不同的，即具有图 2-8 所示的电压传输特性。图中 u_I 上升时引起输出跳变对应的电平值称为上限阈值电压 V_{T+}，u_I 下降时引起输出跳变对应的电平值称为下限阈值电压 V_{T-}，V_{T+} 与 V_{T-} 的差值称为滞后电压或回差电压 ΔV_T，即 $\Delta V_T=V_{T+}-V_{T-}$。

图 2-8　施密特触发器的电压传输特性曲线与逻辑符号

第三，根据输出与输入电压的相位关系，可分为同相施密特触发器和反相施密特触发器两种。施密特触发器实际上是一种具有回滞特性的门电路。

施密特触发器可以由 TTL 或 CMOS 门电路构成，也有集成电路的施密特触发器。以下介绍两种由 TTL 门电路组成的施密特触发器电路。

（1）用 TTL 门电路组成的施密特触发器电路——应用电阻产生滞后电压

将两级反相器串接起来，同时通过分压电阻将输出端的电压反馈到输入端，就构成了施密特触发器电路，如图 2-9 所示。图中 U1:A 和 U1:B 为 74LS04，$R1=11\text{k}\Omega$，$R2=22\text{k}\Omega$，图中左上侧的符号是正弦信号发生器信号。

（2）用 TTL 门电路组成的施密特触发器电路——应用二极管产生滞后电压

应用二极管正向压降 U_F 产生滞后电压 U_H 的由 TTL 与非门构成的施密特触发器原理图如图 2-10 所示。

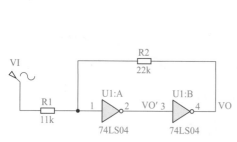

图 2-9　用 TTL 门电路组成的施密特
触发器电路图 1

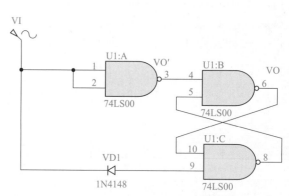

图 2-10　用 TTL 门电路组成的施密特
触发器电路图 2

· 2.4 ·

双稳态触发器

双稳态触发器有两个稳定状态：1 态和 0 态。在没有外来触发信号的作用下，电路始终处于其中的一种状态：或 1 态，或 0 态。在外加输入触发信号作用下，双稳态电路从一个稳定状态翻转到另一个稳定状态，即从 1 态到 0 态，或从 0 态到 1 态。

双稳态触发器可用作数字计算机中的计数、记忆单元，还可以对输入信号分频和整形。

以下介绍两种双稳态触发器。

❶ 由 TTL 反相器组成的单端输出双稳态触发器的原理图如图 2-11 所示。按动开关 SB1，电源电压通过微分电路（C1、R1、R2）使 a 点为高电平，Q 点变为高电平；按动开关 SB2，使 a 点为低电平，Q 点变为低电平。

❷ 由 TTL 与门和或门组成的非互补输出双稳态触发器的原理图如图 2-12（a）所示，其波形图如图 2-12（b）所示。电路中的或门用 74LS32，与门用 74LS08。

置位信号（S）是高电平有效，复位信号（R）是低电平有效。当置位信号输入后（$S=1$，$R=1$），$Q_1=1$，$Q_2=1$。当复位信号输入后（$R=0$，$S=0$），$Q_2=0$，$Q_1=0$。两个输出 Q_1 和 Q_2 不是互补的。

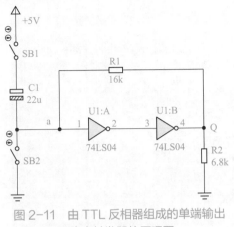

图 2-11　由 TTL 反相器组成的单端输出
双稳态触发器的原理图

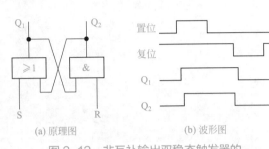

(a) 原理图　　　　　(b) 波形图

图 2-12　非互补输出双稳态触发器的
原理图及波形图

2.5

用 Proteus 软件仿真

2.5.1　用 TTL 与非门组成的微分型单稳态触发器电路

【例 2-1】　用 TTL 与非门组成的微分型单稳态触发器电路如图 2-13 所示。已知，电路中 U1:A 和 U2:A 均为 74LS00，U3:A 为 74LS04，$C=0.47\mu F$，$R=R1+RV1=100\Omega+330\Omega$。在 VI 处输入近似方波信号，在 VO 处接虚拟示波器观察输出信号。

在 VI 处输入频率为 1kHz、幅度是 -4V 的近似方波信号，用 Proteus 交互仿真功能，可以测出电路的输出波形，如图 2-14 所示。图中 B 通道的蓝线为输入负脉冲波形，A 通道的黄线为输出正脉冲波形。调节图中的电位器 RV1，可以改变输出脉冲的宽度。脉宽 $T_w \approx$（0.7～1.3）RC。

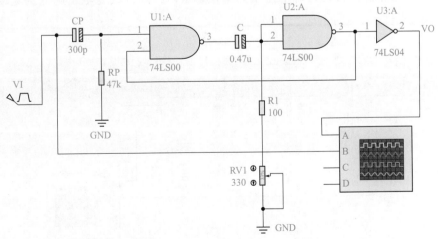

图 2-13　用与非门组成的微分型单稳态触发器电路

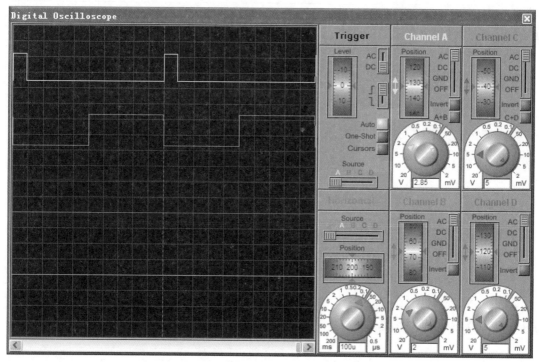

图 2-14　用与非门组成的微分型单稳态触发器电路输入输出波形

2.5.2　用 TTL 与非门组成的积分型单稳态触发器电路

【例 2-2】　用 TTL 与非门组成的积分型单稳态触发器电路如图 2-15 所示。已知，电路中 U1:A 和 U1:B 为 74LS04，U2:A 为 74LS00，C=10μF，R=$R1$+$RV1$=100Ω+470Ω。在 VI 处输入近似方波信号，在 VO 处接虚拟示波器观察输出信号。

　　在 VI 处输入频率为 1kHz、幅度是 +4V 的近似方波信号，用 Proteus 交互仿真功能，可以测出电路的输出波形，如图 2-16 所示。图中 B 通道的蓝线为输入正脉冲波形，A 通道的黄线为输出正脉冲波形，调节图中的电位器 RV1，可以改变输出脉冲的宽度。脉宽 $T_{\mathrm{W}} \approx 1.1RC$。

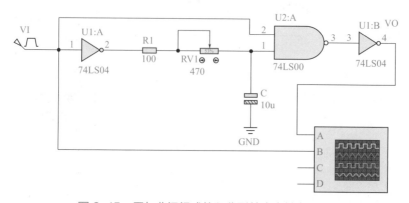

图 2-15　用与非门组成的积分型单稳态触发器电路

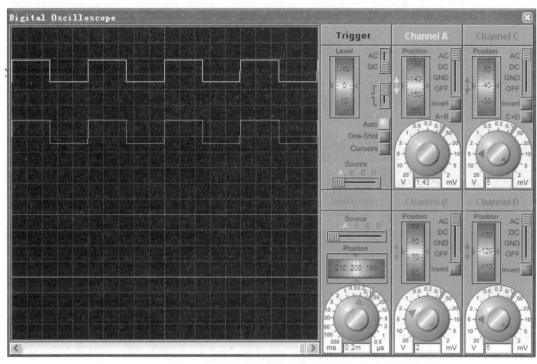

图 2-16 用与非门组成的积分型单稳态触发器电路输入输出波形

2.5.3 用 TTL 或非门 74LS02 和非门 74LS04 组成的单稳态触发器电路

【例 2-3】 用 TTL 或非门 74LS02 和非门 74LS04 组成的单稳态触发器电路如图 2-17 所示。已知，电路中 U1:A 和 U2:A 分别为 74LS04 和 74LS02，$C1=CD=0.1\mu F$，$R3=1k\Omega$，$R2=10k\Omega$。在 VI 处输入近似方波信号，在 VO 处接虚拟示波器观察输出信号。

在 VI 处输入频率为 1kHz、幅度是 4V 的近似方波信号，用 Proteus 交互仿真功能，可以测出电路的输出波形，如图 2-18 所示。图中 B 通道的蓝线为输入的脉冲波形，A 通道的黄线为输出脉冲波形。

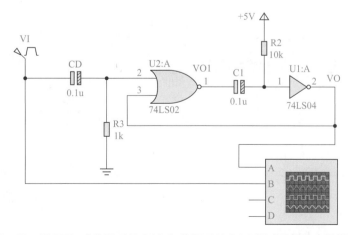

图 2-17 用 TTL 或非门 74LS02 和非门 74LS04 组成的单稳态触发器电路

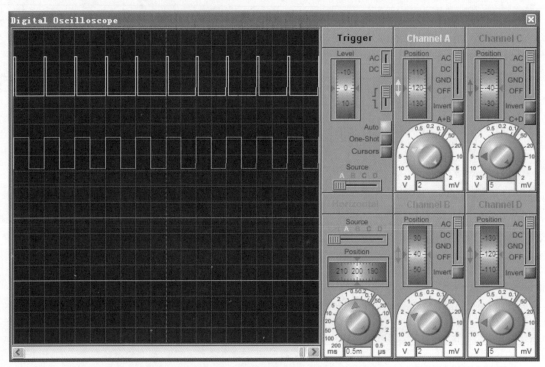

图 2-18　用 TTL 或非门 74LS02 和非门 74LS04 组成的单稳态触发器电路输入输出波形

2.5.4　用 TTL 或非门 74LS02 组成的单稳态触发器电路

【例 2-4】　用 TTL 或非门 74LS02 组成的单稳态触发器电路如图 2-19 所示。已知，电路中 U2:A 和 U2:B 均为 74LS02，U2:B 74LS02 两输入端连在一起。$C1=0.01\mu F$，$C2=0.22\mu F$，$R1=360\Omega$，$R2=9.1k\Omega$。在 VI 处输入近似方波信号，在 VO 处接虚拟示波器观察输出信号。

在 VI 处输入频率为 1kHz、幅度是 4V 的近似方波信号，用 Proteus 交互仿真功能，可以测出电路的输出波形，如图 2-20 所示。图中 B 通道的蓝线为输入的脉冲波形，A 通道的黄线为输出脉冲波形。

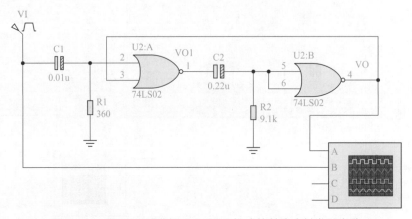

图 2-19　用 TTL 或非门 74LS02 组成的单稳态触发器电路

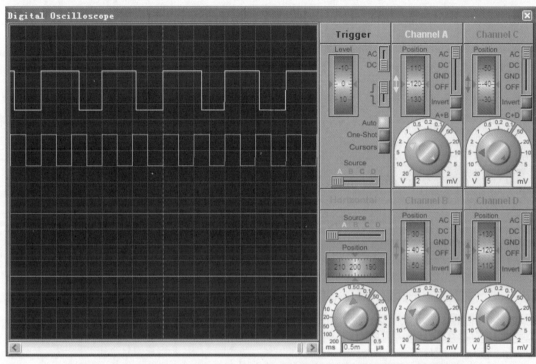

图 2-20 用 TTL 或非门 74LS02 组成的单稳态触发器电路输入输出波形

2.5.5 用 TTL 与非门 74LS00 组成的脉冲宽度可调的单稳态触发器电路

【例 2-5】 用 TTL 与非门 74LS00 组成的脉冲宽度可调的单稳态触发器电路如图 2-21 所示。已知，电路中 U1:A 和 U2:A 均为 74LS00，U1:A 74LS00 两输入端连在一起。$C1=0.01\mu F$，$RP=820\Omega$。在 VI 处输入近似方波信号，在 VO 处接虚拟示波器观察输出信号。

在 VI 处输入频率为 1kHz、幅度是 4V 的近似方波信号，用 Proteus 交互仿真功能，可以测出电路的输出波形，如图 2-22 所示。图中 B 通道的蓝线为输入的脉冲波形，A 通道的黄线为输出脉冲波形。调节图中的电位器 RP，可以改变输出脉冲的宽度。

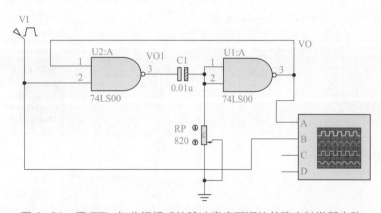

图 2-21 用 TTL 与非门组成的脉冲宽度可调的单稳态触发器电路

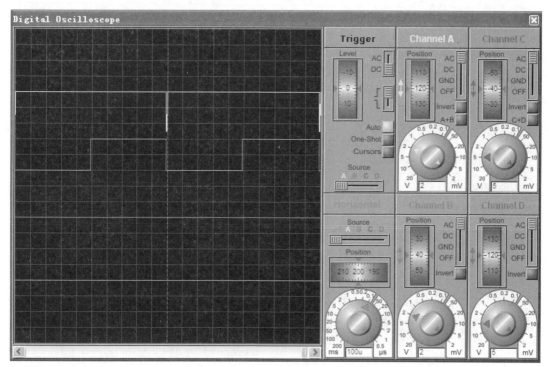

图 2-22　用 TTL 与非门 74LS00 组成的脉冲宽度可调的单稳态触发器电路输入输出波形

2.5.6　对称式多谐振荡器功能测试电路

【例 2-6】　图 2-23 是用 TTL 门电路组成的对称式多谐振荡器功能测试电路图。它是由两个反相器 U1:A 和 U1:B 经耦合电容 C1、C2 连接起来的正反馈振荡回路。此振荡回路共用三种元件：两个反相器，两个电阻，两个电容，同种元件的参数是相同的，在电路中所处的位置是对称的。图中 U1:A 和 U1:B 为 74LS04 反相器，$C1=C2=0.1\mu F$，$R1=R2=1k\Omega$，图中左侧的虚拟电压表是测量 VI1 点电压用的，右侧的虚拟示波器是测量 VO2 点电压输出波形用的。

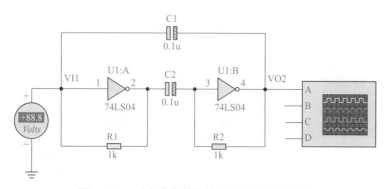

图 2-23　对称式多谐振荡器功能测试电路图

在图 2-23 中，单击 Proteus 图屏幕左下角的运行键，系统开始运行，将出现如图 2-24 所示的对称式多谐振荡器功能测试结果图。从图可见，此时，对称式多谐振荡器 VO2 点输出一串连续的矩形波。图 2-23 中 VI1 点所接电压表上的数字也不断一大一小地变化。这表明，此对称式多谐振荡器可以输出矩形波。通过调节虚拟示波器的通道 A 增益旋钮使其显示适当电压幅度的波形，调节虚拟示波器的扫描速度旋钮使其用适当的速度扫描。从图 2-24 可见，此矩形波的电压幅度约为 4V，周期 T 约为 66μs，而频率 $f \approx 1/T$=15kHz。

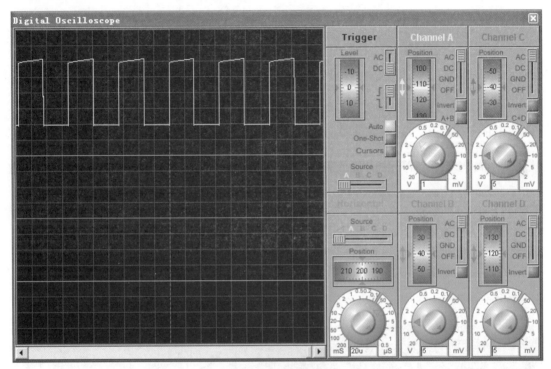

图 2-24　对称式多谐振荡器功能测试结果图

对称式多谐振荡器近似估算振荡周期的公式为

$$T \approx 1.3RC$$

将 R=1kΩ，C=0.1μF 代入上式，得

$$T \approx 1.3RC = 1.3 \times 1 \times 10^3 \times 0.1 \times 10^{-6} = 130(\text{μs})$$

可见，理论计算的对称式多谐振荡器振荡周期和虚拟示波器测出的虽在同一数量级上，但两者相差较大。

2.5.7　非对称式多谐振荡器功能测试电路

【例 2-7】　图 2-25 是用 TTL 门电路组成的非对称式多谐振荡器功能测试电路图。它是在前面介绍的对称式多谐振荡器功能测试电路图中去掉 C2 和 R2 后形成的。图中 U1:A 和 U1:B 为 74LS04 反相器，$C1$=0.01μF，$R1$=100Ω，$RV1$=4.7kΩ。

在图 2-25 中，单击 Proteus 图屏幕左下角的运行键，系统开始运行，将出现如图 2-26 所示的非对称式多谐振荡器功能测试结果图。从图可见，此时，非对称式多谐振荡器 VO2 点输出一串连续的矩形波。图 2-25 中 VI1 点所接电压表上的数字也不断一大一小地变化。这表明，此非对称式多谐振荡器可以输出矩形波。通过调节虚拟示波器的通道 A 增益旋钮使其显示适当电压幅度的波形，调节虚拟示波器的扫描速度旋钮使其用适当的速度扫描。从图 2-26 可见，此矩形波的电压幅度约为 4.5V，周期 T 约为 70μs。而频率 $f \approx 1/T$=14.2kHz。

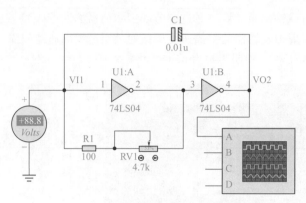

图 2-25 非对称式多谐振荡器功能测试电路图

非对称式多谐振荡器近似估算振荡周期的公式为

$$T \approx 2.2RC$$

将 R=4.7kΩ，C=0.01μF 代入上式，得

$$T \approx 2.2RC = 2.2 \times 4.7 \times 10^{3} \times 0.01 \times 10^{-6} = 103.4 \ (\mu s)$$

可见，理论计算的非对称式多谐振荡器振荡周期和虚拟示波器测出的虽在同一数量级上，但两者还有偏差。

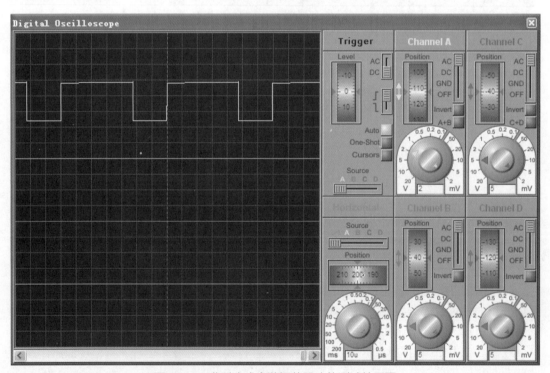

图 2-26 非对称式多谐振荡器功能测试结果图

2.5.8 环形振荡器功能测试电路

【例 2-8】 图 2-27 是用 TTL 门电路组成的环形振荡器功能测试电路图。它由三个反相器

U1:A、U1:B 和 U2:A，两个电阻 R 和 RS，一个电容 C1 组成。三个反相器用 74LS04 反相器，$R=10k\Omega$，$RS=1k\Omega$，$C1=0.1\mu F$。图中左侧的虚拟电压表是测量 VI1 点电压用的，右侧的虚拟示波器是测量 VO 点电压输出波形用的。

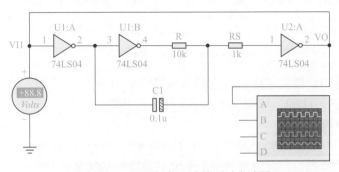

图 2-27　环形振荡器功能测试电路图

在图 2-27 中，单击 Proteus 图屏幕左下角的运行键，系统开始运行，将出现如图 2-28 所示的环形振荡器电路功能测试结果图。从图可见，此时，环形振荡器电路 VO 点输出一串连续的矩形波。图 2-27 中 VI1 点所接电压表上的数字也不断一大一小地变化。这表明，此环形振荡器电路可以输出矩形波。通过调节虚拟示波器的通道 A 增益旋钮使其显示适当电压幅度的波形，调节虚拟示波器的扫描速度旋钮使其用适当的速度扫描。从图 2-28 可见，此矩形波的电压幅度约为 4.9V，周期 T 约为 1.4ms。而频率 $f \approx 1/T = 714$Hz。

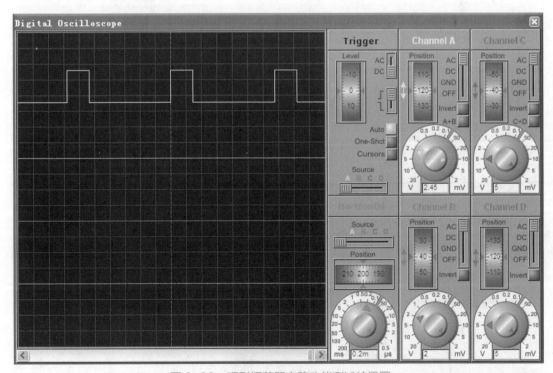

图 2-28　环形振荡器电路功能测试结果图

环形振荡器电路近似估算振荡周期的公式为

$$T \approx 2.2RC$$

将 R=10kΩ，C=0.1μF 代入上式，得

$$T \approx 2.2RC = 2.2 \times 10 \times 10^3 \times 0.1 \times 10^{-6} = 2.2 \text{（ms）}$$

可见，理论计算的环形振荡器电路振荡周期和虚拟示波器测出的虽在同一数量级上，但两者相差不小。

2.5.9 用 TTL 非门组成的施密特触发器电路

【例 2-9】 用 TTL 非门组成的施密特触发器电路如图 2-29 所示。已知电路中 U1:A 和 U1:B 为 74LS04，$R1$=11kΩ，$R2$=22kΩ。在 VI 处输入近似正弦波信号，在 VO 和 VO′ 处接虚拟示波器观察输出信号。

在 VI 处输入频率为 10Hz、幅度是 +3V 的近似正弦波信号，用 Proteus 交互仿真功能，可以测出电路的输出波形，如图 2-30 所示。图中 C 通道的红线为输入的正弦波波形，B 通道的蓝线为在 VO′ 点测得的输出负脉冲波形，A 通道的黄线为输出正脉冲波形。改变 R1 和 R2 的电阻值，可调节输出脉冲的宽度。

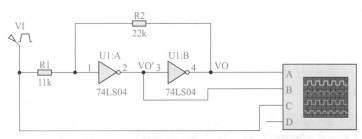

图 2-29　用 TTL 非门组成的施密特触发器电路

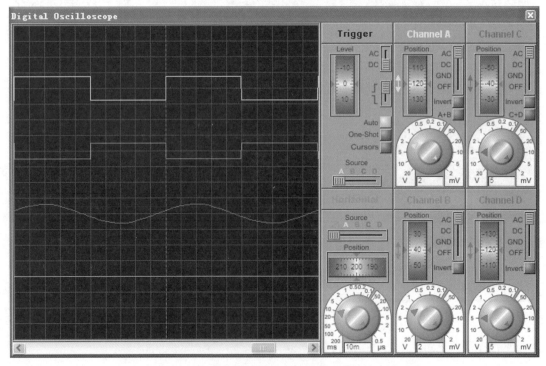

图 2-30　用 TTL 非门组成的施密特触发器电路输入输出波形

2.5.10 用TTL与非门组成的施密特触发器电路

【例2-10】 用TTL与非门组成的施密特触发器电路如图2-31所示。已知，电路中U1:A和U1:B均为74LS00，$R1=500\Omega$，$R2=800\Omega$。在VI处输入近似锯齿波信号，在VO处接虚拟示波器观察输出信号。

在VI处输入频率为2Hz、最高幅度是+2.5V的近似锯齿波信号，用Proteus交互仿真功能，可以测出电路的输出波形，如图2-32所示。图中B通道的蓝线为用于触发的输入锯齿波波形，A通道的黄线为输出矩形波波形。

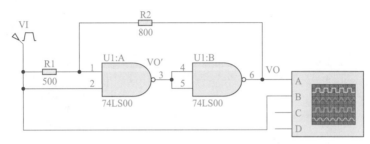

图2-31 用TTL与非门组成的施密特触发器电路

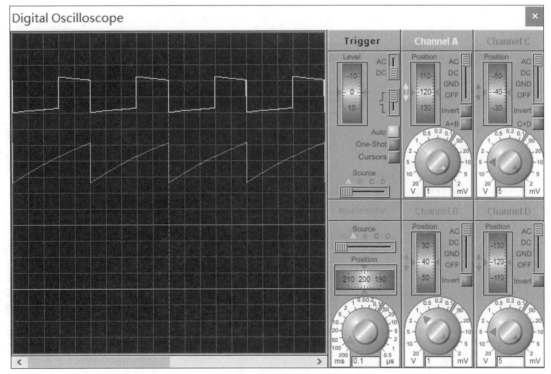

图2-32 用TTL与非门组成的施密特触发器电路输入输出波形

2.5.11 用TTL非门组成的双稳态触发器电路

【例2-11】 用TTL非门组成的双稳态触发器电路如图2-33所示。已知，电路中U1:A、U1:B均为74LS04，$C1=22\mu F$，$R1=16k\Omega$，$R2=6.8k\Omega$。在a处和Q处接虚拟数字电压表，在Q

处接虚拟示波器用以观察电位的高低和输出信号波形。

单击 Proteus 图屏幕左下角的运行键，系统开始运行，将出现如图 2-34 所示的双稳态触发器电路功能测试结果图。先把开关 SB1 合上，a 点为高电平，Q 点为高电平。再把开关 SB2 合上，a 点为低电平，Q 点也为低电平。随着开关 SB2 的开闭，Q 点不断交替出现高低电平，开关 SB2 的开闭就相当于双稳态触发器的触发信号。

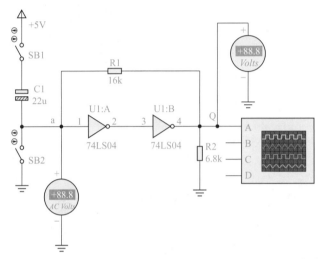

图 2-33　用 TTL 非门组成的双稳态触发器电路

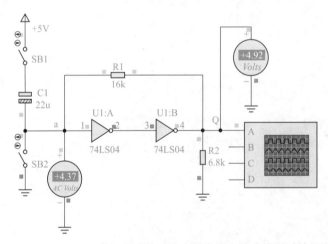

图 2-34　用 TTL 非门组成的双稳态触发器电路功能测试结果图

2.5.12　用 TTL 与门和或门组成的非互补输出双稳态触发器电路

【**例 2-12**】　用 TTL 与门和或门组成的非互补输出双稳态触发器电路如图 2-35 所示。已知电路中 U1:A 为或门 7432，U2:A 为与门 74LS08。

单击 Proteus 图屏幕左下角的运行键，系统开始运行。先送置位信号，$S=1$，$R=1$，此时 $Q_1=1$，$Q_2=1$。再送复位信号，$S=0$，$R=0$，有 $Q_1=0$，$Q_2=0$，如图 2-36 所示。可见，两个输出 Q_1 和 Q_2 不是互补的。

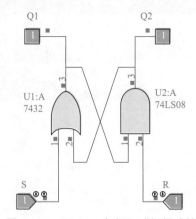

图 2-35 用 TTL 与门和或门组成的
非互补输出双稳态触发器电路

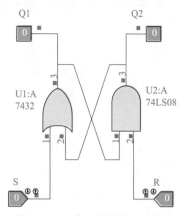

图 2-36 非互补输出双稳态
触发器电路功能测试结果图

第3章

由CMOS门电路构成的双稳、单稳、无稳电路

本章介绍用 CMOS 门电路构成的双稳态电路、单稳态电路、自激多谐振荡器电路和施密特触发器电路。

① 用 CMOS 与非门 CD4011 组成的方波下降沿触发的微分型单稳态触发器电路。

② 用 CMOS 与非门 CD4011 组成的方波上升沿触发的微分型单稳态触发器电路。

③ 用 CMOS 集成施密特触发器 CD40106 组成的方波下降沿触发的微分型单稳态触发器电路。

④ 用 CMOS 集成施密特触发器 CD40106 组成的方波上升沿触发的微分型单稳态触发器电路。

⑤ 用 CMOS 反相器 CD4069 组成的方波下降沿触发的积分型单稳态触发器电路。

⑥ 用 CMOS 反相器 CD4069 组成的方波上升沿触发的积分型单稳态触发器电路。

⑦ 用 CMOS 反相器 CD4069 组成的可控多谐振荡器电路 I 。

⑧ 用 CMOS 反相器 CD4069 组成的可控多谐振荡器电路 II 。

⑨ 用 CMOS 施密特触发器 CD40106 组成的非对称式多谐振荡器电路。

⑩ 用 CMOS 施密特触发器 CD40106 组成的占空比可调的多谐振荡器电路。

⑪ 用 CMOS 反相器 CD4069 组成的基本施密特触发器电路。

⑫ 用 CMOS 两输入或非门 CD4001 组成的施密特触发器电路。

⑬ 用 CMOS 三输入与非门 CD4023 组成的施密特触发器电路。

⑭ 用 CMOS 四输入与非门 CD4012 组成的施密特触发器电路。

⑮ 用 CMOS 四输入或非门 CD4002 组成的施密特触发器电路。

⑯ 用 CMOS 与非门 CD4011 组成的单端输出双稳态触发器电路。

CMOS 型集成门电路采用绝缘栅场效应晶体管构成。CMOS 是 Complementary Metal Oxide Semiconductor 的缩写，意思为互补金属氧化物半导体，其集成电路简称 CMOS 集成电路。CMOS 电路的电源电压一般在 3 ~ 18V。工作温度为 0 ~ 70℃或 -55 ~ 125℃。CMOS 集成电路是继 TTL 电路之后发展起来的集成电路，与 TTL 电路相比具有制造工艺简单、输入阻抗高、电源电压范围宽、功耗低和抗干扰能力强等特点。

· 3.1 ·

单稳态触发器

利用与非门作开关，依靠元件 RC 电路的充、放电功能来控制与非门的启、闭。单稳态电路有微分型和积分型两大类。

3.1.1 微分型单稳态触发器

【例 3-1】 用 CMOS 与非门 CD4011 组成的方波下降沿触发的微分型单稳态触发器电路如图 3-1 所示。已知，电路中 U1:A 和 U2:A 均 为 CD4011，$C1=0.1\mu F$，$R2=1k\Omega$。在 VI 处输入近似方波的触发信号，在 VO 处接虚拟示波器观察输出信号。

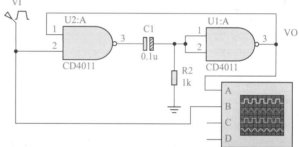

图 3-1 用 CMOS 与非门组成的微分型单稳态触发器电路 1

在 VI 处输入频率为 100Hz、幅度是 3V 的近似方波信号，用 Proteus 交互仿真功能，可以测出电路的输出波形，如图 3-2 所示。图中 B 通道的蓝线为输入的用来触发的方波波形，A 通道的黄线为单稳态输出脉冲波形。由图可见，输出波形是由输入方波信号的下降沿触发的。

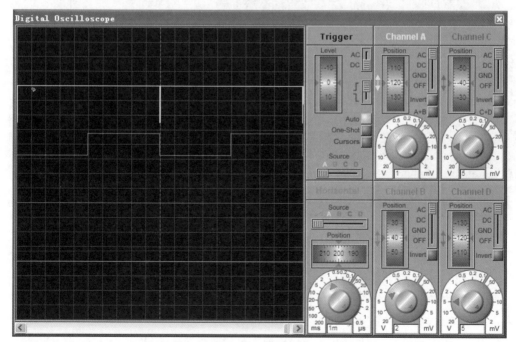

图 3-2 用 CMOS 与非门组成的微分型单稳态触发器电路输入输出波形 1

【例 3-2】 用 CMOS 与非门 CD4011 构成的方波上升沿触发的微分型单稳态触发器电路如图 3-3 所示。已知，电路中 U1:A、U1:B 和 U2:A 均为 CD4011，$C1=0.1\mu F$，$R1=1k\Omega$，$R2=1k\Omega$。在 VI 处输入近似方波的触发信号，在 VO 处接虚拟示波器观察输出信号。

在 VI 处输入频率为 100Hz、幅度是 3V 的近似方波信号，用 Proteus 交互仿真功能，可以测出电路的输出波形，如图 3-4 所示。图中 B 通道的蓝线为输入的用来触发的方波波形，A 通道的黄线为单稳态输出脉冲波形。由图可见，输出波形是由输入方波信号的上升沿触发的。

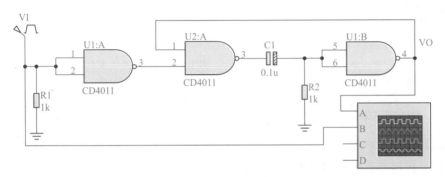

图 3-3　用 CMOS 与非门组成的微分型单稳态触发器电路 2

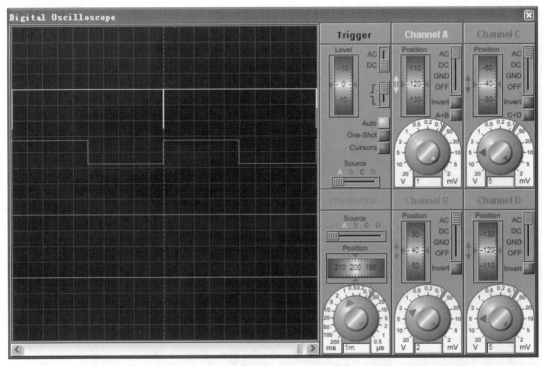

图 3-4　用 CMOS 与非门组成的微分型单稳态触发器电路输入输出波形 2

【例 3-3】 用 CMOS 集成施密特触发器 CD40106 组成的方波下降沿触发的微分型单稳态触发器电路如图 3-5 所示。已知，电路中 U2:A 为 CD40106，$CD=100nF$，$R2=4.7k\Omega$。在 VI 处输入近似方波触发信号，在 VO 处接虚拟示波器观察输出信号。

在 VI 处输入频率为 1kHz、幅度是 5V 的近似方波信号，用 Proteus 交互仿真功能，可以测出电路的输出波形，如图 3-6 所示。图中 B 通道的蓝线为输入的用来触发的方波波形，A 通道的黄线为单稳态输出脉冲波形。由图可见，输出波形是由输入方波信号的下降沿触发的。

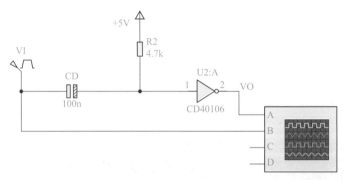

图 3-5　用 CMOS 集成施密特触发器组成的微分型单稳态触发器电路 1

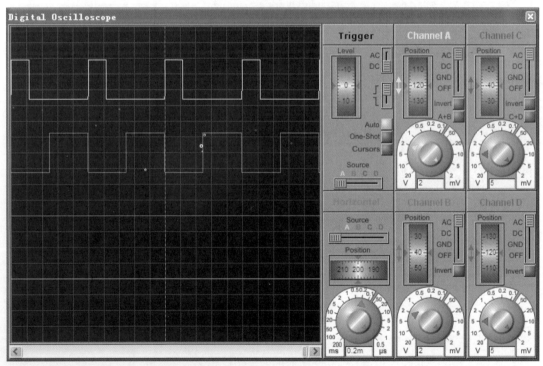

图 3-6　用 CMOS 集成施密特触发器组成的微分型单稳态触发器电路输入输出波形 1

【例 3-4】　用 CMOS 集成施密特触发器 CD40106 组成的方波上升沿触发的微分型单稳态触发器电路如图 3-7 所示。已知，电路中 U2:A 为 CD40106，CD=100nF，$R2$=4.7kΩ。在 VI 处输入近似方波信号，在 VO 处接虚拟示波器观察输出信号。

在 VI 处输入频率为 1kHz、幅度是 5V 的近似方波信号，用 Proteus 交互仿真功能，可以测出电路的输出波形，如图 3-8 所示。图中 B 通道的蓝线为输入的用来触发的方波波形，A 通道的黄线为单稳态输出脉冲波形。由图可见，输出波形是由输入方波信号的上升沿触发的。

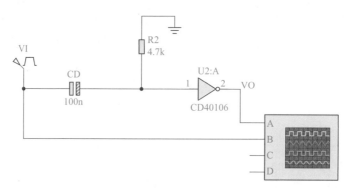

图 3-7 用 CMOS 集成施密特触发器组成的微分型单稳态触发器电路 2

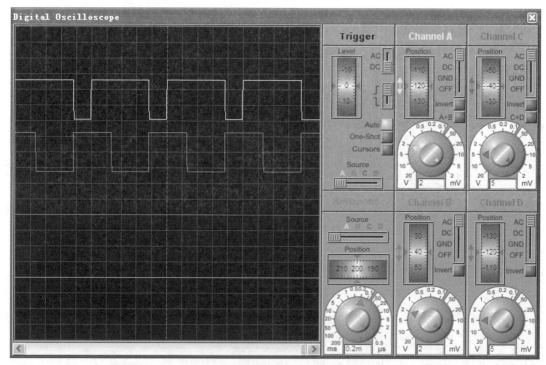

图 3-8 用 CMOS 集成施密特触发器组成的微分型单稳态触发器电路输入输出波形 2

3.1.2 积分型单稳态触发器

【例 3-5】 用 CMOS 反相器 CD4069 组成的方波下降沿触发的积分型单稳态触发器电路如图 3-9 所示。已知，电路中 U1:A 为 CD4069，$C1=0.01\mu F$，$R3=1k\Omega$，D1 为 1N4148。在 VI 处输入近似方波信号，在 VO 处接虚拟示波器观察输出信号。

在 VI 处输入频率为 1kHz、幅度是 3V 的近似方波信号，用 Proteus 交互仿真功能，可以测出电路的输出波形，如图 3-10 所示。图中 B 通道的蓝线为输入的用来触发的方波波形，A 通道的黄线为单稳态输出脉冲波形。由图可见，输出波形是由输入方波信号的下降沿触发的。

【例 3-6】 用 CMOS 反相器 CD4069 组成的方波上升沿触发的积分型单稳态触发器电路如图 3-11 所示。已知，电路中 U1:A 为 CD4069，$C1=0.1\mu F$，$R3=1k\Omega$，D1 为 1N4148。在 VI 处输入近似方波信号，在 VO 处接虚拟示波器观察输出信号。

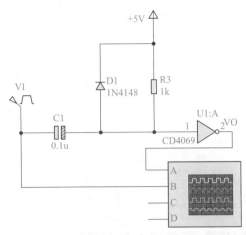

图 3-9　用 CMOS 反相器组成的积分型单稳态触发器电路 1

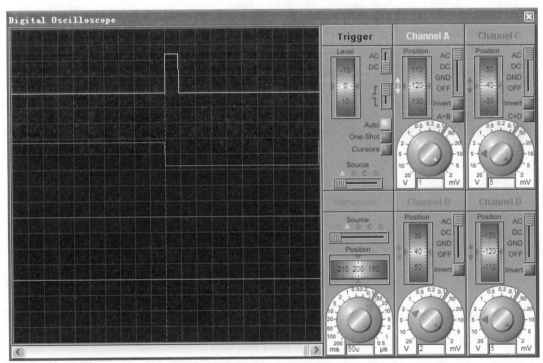

图 3-10　用 CMOS 反相器组成的积分型单稳态触发器电路输入输出波形 1

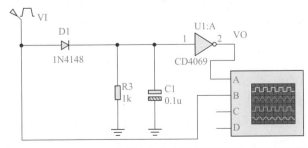

图 3-11　用 CMOS 反相器组成的积分型单稳态触发器电路 2

在 VI 处输入频率为 100Hz、幅度是 3V 的近似方波信号，用 Proteus 交互仿真功能，可以测出电路的输出波形，如图 3-12 所示。图中 B 通道的蓝线为输入的用来触发的方波波形，A 通道的黄线为单稳态输出脉冲波形。由图可见，输出波形是由输入方波信号的上升沿触发的。

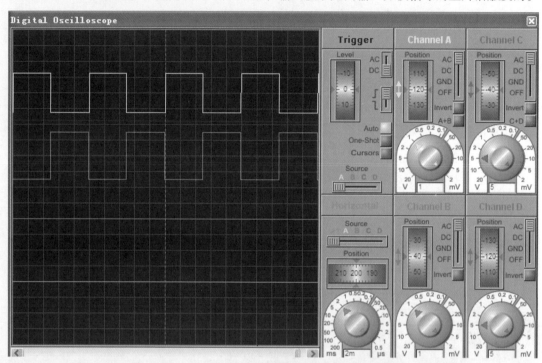

图 3-12 用 CMOS 反相器组成的积分型单稳态触发器电路输入输出波形 2

· 3.2 ·
多谐振荡器

3.2.1 用 CMOS 门电路 CD4069 组成的可控多谐振荡器电路 I

【例 3-7】 用 CMOS 反相器 CD4069 组成的可控多谐振荡器电路 I 如图 3-13 所示。已知，电路中 U1:A、U1:B 均为 CD4069，$C1=0.01\mu F$，$R=30k\Omega$，$RS=300k\Omega$，$R1=51k\Omega$，D1 为 1N4148。接通开关 SW1 振荡器启振，断开开关 SW1 振荡器停振。在 VO 处接虚拟示波器观察输出信号。

单击 Proteus 图屏幕左下角的运行键，系统开始运行，将出现如图 3-14 所示的多谐振荡器输出波形。图中 A 通道的黄线为可控振荡器输出波形。断开开关 SW1 振荡器停振，接通开关 SW1 振荡器又启振。

3.2.2 用 CMOS 门电路 CD4069 组成的可控多谐振荡器电路 II

【例 3-8】 用 CMOS 反相器 CD4069 组成的可控多谐振荡器电路 II 如图 3-15 所示。已知，电路中 U1:A、U1:B、U1:C 均为 CD4069，$C1=0.01\mu F$，$R=30k\Omega$，$RS=300k\Omega$，$R1=51k\Omega$，D1 为隔离二极管，型号为 1N4148。断开开关 SW1 振荡器启振，接通开关 SW1 振荡器停振。在 VO 处接虚拟示波器观察输出信号。

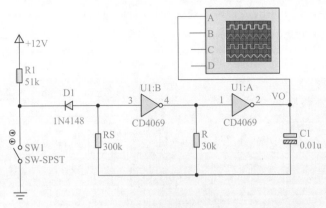

图 3-13　用 CMOS 反相器组成的可控多谐振荡器电路 I

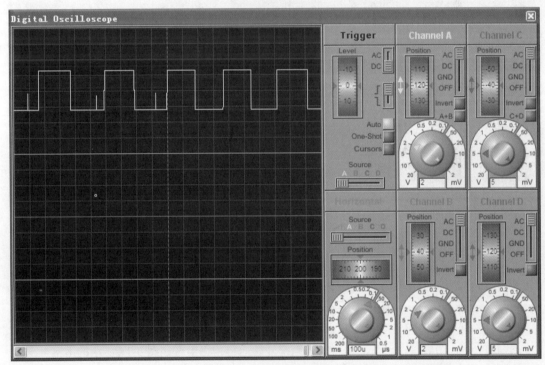

图 3-14　用 CMOS 反相器组成的可控多谐振荡器电路 I 输出波形

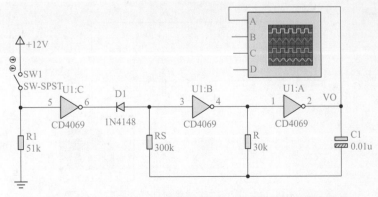

图 3-15　用 CMOS 反相器组成的可控多谐振荡器电路 II

单击 Proteus 图屏幕左下角的运行键，系统开始运行，将出现如图 3-16 所示的多谐振荡器输出波形。图中 A 通道的黄线为可控振荡器输出波形。断开开关 SW1 振荡器启振，接通开关 SW1 振荡器停振。

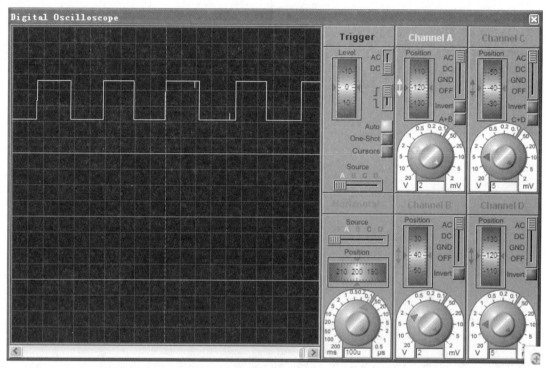

图 3-16　用 CMOS 反相器组成的可控多谐振荡器电路 II 输出波形

3.2.3　用施密特触发器 CD40106 组成的非对称式多谐振荡器电路

【例 3-9】　用 CMOS 施密特触发器 CD40106 组成的非对称式多谐振荡器电路如图 3-17 所示。已知，电路中 U1:A、U1:B 均为 CD40106，$C=10nF$，$RP=30k\Omega$，$RF=4.3k\Omega$。在 VO2 处接虚拟示波器观察输出信号。

单击 Proteus 图屏幕左下角的运行键，系统开始运行，将出现如图 3-18 所示的多谐振荡器输出波形。图中 A 通道的黄线为多谐振荡器输出波形。

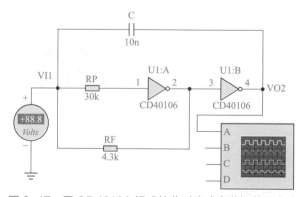

图 3-17　用 CD40106 组成的非对称式多谐振荡器电路

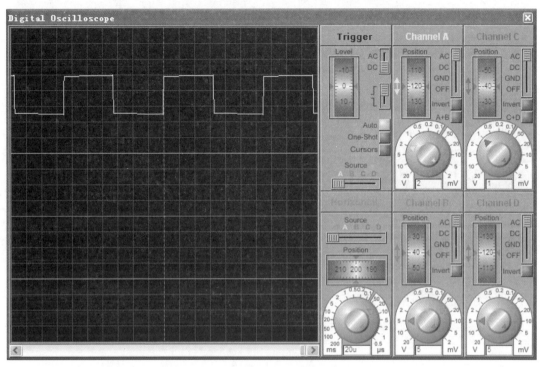

图 3-18 用 CD40106 组成的非对称式多谐振荡器电路输出波形

3.2.4 用施密特触发器 CD40106 组成的占空比可调的多谐振荡器电路

【例 3-10】 用 CMOS 施密特触发器 CD40106 组成的占空比可调的多谐振荡器电路如图 3-19 所示。已知电路中 U1:A 为 CD40106，C=0.01μF，$R1$=10kΩ，$RV1$=10kΩ。二极管 VD1、VD2 型号均为 1N4148。在 VO 处接虚拟示波器观察输出信号。

单击 Proteus 图屏幕左下角的运行键，系统开始运行，将出现如图 3-20 所示的多谐振荡器输出波形。图中 A 通道的黄线为多谐振荡器输出波形。调节图中的电位器滑动端的位置，输出方波的占空比就会变化。当电位器滑动端的位置向左挪动时，输出方波的占空比会越来越大。

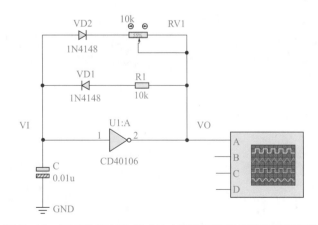

图 3-19 用 CD40106 组成的占空比可调的多谐振荡器电路

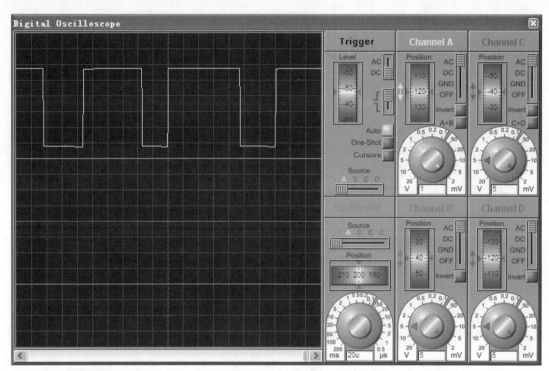

图 3-20　用 CD40106 组成的占空比可调的多谐振荡器电路输出波形

· 3.3 ·

施密特触发器

3.3.1　用 CMOS 反相器 CD4069 组成的基本施密特触发器电路

【例 3-11】　用 CMOS 反相器 CD4069 组成的基本施密特触发器电路如图 3-21 所示。已知电路中 U1:A、U1:B 均为 CD4069，$R1$=11kΩ，$R2$=22kΩ。在 VI 处输入三角波信号，在 VO 处接虚拟示波器观察输出信号。

在 VI 处输入频率为 4Hz、最高幅度是 3V 的三角波信号，用 Proteus 交互仿真功能，可以测出电路的输出波形，如图 3-22 所示。图中 B 通道的蓝线为 VI 点输入三角波波形，A 通道的黄线为 VO 点输出的矩形波波形。

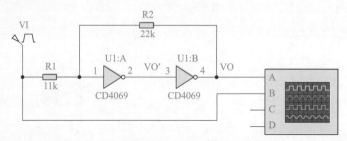

图 3-21　用 CMOS 反相器 CD4069 组成的基本施密特触发器电路

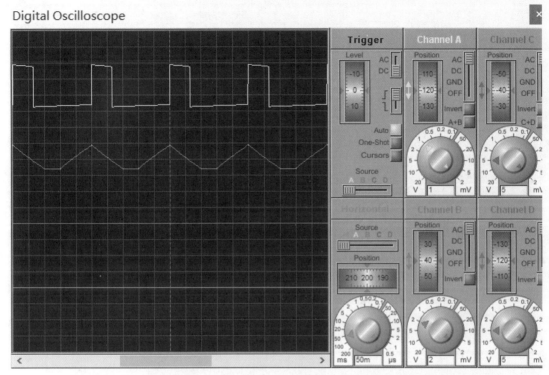

图 3-22 用 CMOS 反相器 CD4069 组成的基本施密特触发器电路输入输出波形

3.3.2 用 CMOS 两输入或非门 CD4001 组成的施密特触发器电路

【例 3-12】 用 CMOS 两输入或非门 CD4001 组成的施密特触发器电路如图 3-23 所示。已知电路中 U1:A、U1:B、U1:C 均为 CD4001。在 VI 处输入正弦波信号，在 VO 处接虚拟示波器观察输出信号。

在 VI 处输入频率为 10Hz、幅度是 3V 的正弦波信号，用 Proteus 交互仿真功能，可以测出电路的输出波形，如图 3-24 所示。图中 B 通道的蓝线为输入的用来触发的正弦波波形，A通道的黄线为施密特触发器输出波形。

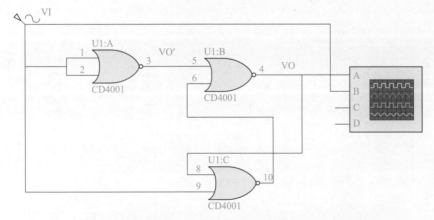

图 3-23 用 CMOS 两输入或非门 CD4001 组成的施密特触发器电路

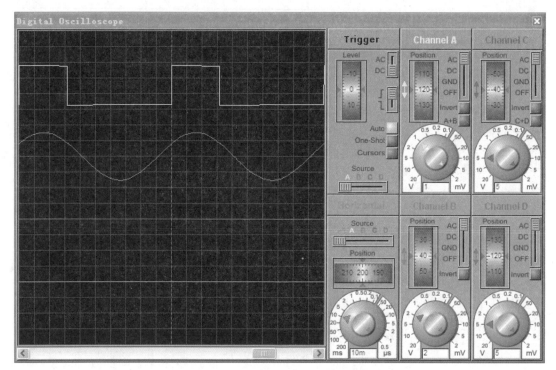

图 3-24 用 CMOS 两输入或非门 CD4001 组成的施密特触发器电路输入输出波形

3.3.3 用 CMOS 三输入与非门 CD4023 组成的施密特触发器电路

【例 3-13】 用 CMOS 三输入与非门 CD4023 组成的施密特触发器电路如图 3-25 所示。已知电路中 U1:A、U1:B、U1:C 均为 CD4023。在 VI 处输入正弦波信号，在 VO 处接虚拟示波器观察输出信号。

在 VI 处输入频率为 10Hz、幅度是 3V 的正弦波信号，用 Proteus 交互仿真功能，可以测出电路的输出波形，如图 3-26 所示。图中 B 通道的蓝线为输入的用来触发的正弦波波形，A 通道的黄线为施密特触发器输出波形。

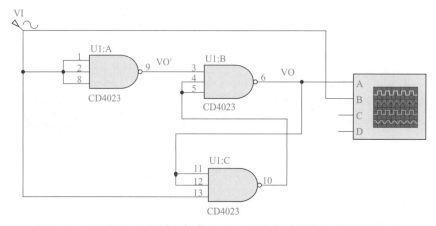

图 3-25 用 CMOS 三输入与非门 CD4023 组成的施密特触发器电路

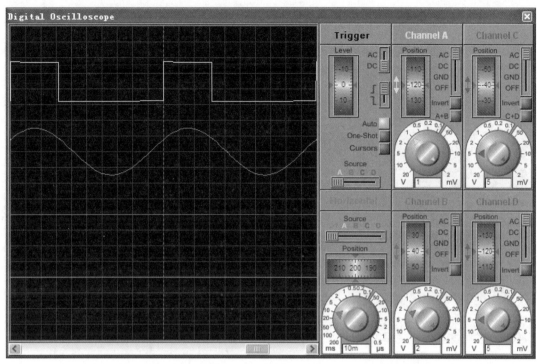

图 3-26　用 CMOS 三输入与非门 CD4023 组成的施密特触发器电路输入输出波形

3.3.4　用 CMOS 四输入与非门 CD4012 组成的施密特触发器电路

【例 3-14】　用 CMOS 四输入与非门 CD4012 组成的施密特触发器电路如图 3-27 所示。已知电路中 U1:A、U1:B、U1:C 均为 CD4012。在 VI 处输入正弦波信号，在 VO 处接虚拟示波器观察输出信号。

在 VI 处输入频率为 10Hz、幅度是 3V 的正弦波信号，用 Proteus 交互仿真功能，可以测出电路的输出波形，如图 3-28 所示。图中 B 通道的蓝线为输入的用来触发的正弦波波形，A 通道的黄线为施密特触发器输出波形。

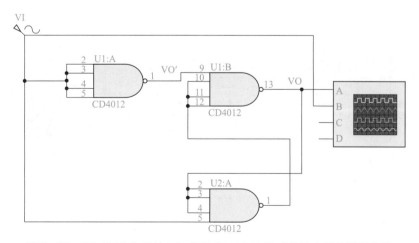

图 3-27　用 CMOS 四输入与非门 CD4012 组成的施密特触发器电路

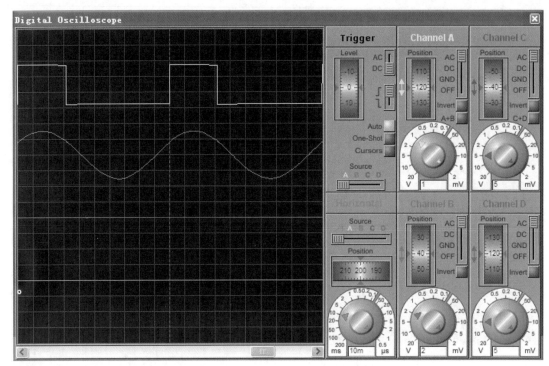

图 3-28　用 CMOS 四输入与非门 CD4012 组成的施密特触发器电路输入输出波形

3.3.5　用 CMOS 四输入或非门 CD4002 组成的施密特触发器电路

【例 3-15】　用 CMOS 四输入或非门 CD4002 组成的施密特触发器电路如图 3-29 所示。已知电路中 U1:A、U1:B、U2:A 均为 CD4002。在 VI 处输入正弦波信号，在 VO 处接虚拟示波器观察输出信号。

在 VI 处输入频率为 10Hz、幅度是 3V 的正弦波信号，用 Proteus 交互仿真功能，可以测出电路的输出波形，如图 3-30 所示。图中 B 通道的蓝线为输入的用来触发的正弦波波形，A 通道的黄线为施密特触发器输出波形。

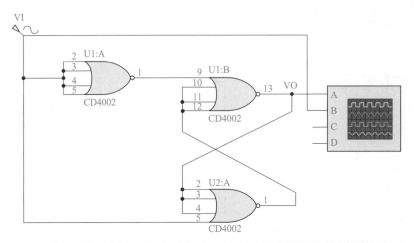

图 3-29　用 CMOS 四输入或非门 CD4002 组成的施密特触发器电路

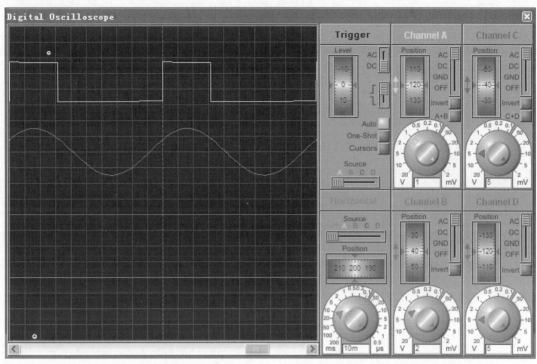

图 3-30　用 CMOS 四输入或非门 CD4002 组成的施密特触发器电路输入输出波形

· 3.4 ·

双稳态触发器

【例 3-16】　用 CMOS 与非门 CD4011 组成的单端输出双稳态触发器电路如图 3-31 所示。电路中 U2:A 和 U2:B 均为 CD4011，把它们的输入端短接组成反相器。$C1=0.047\mu F$，$C2=1000pF$，$R1=10k\Omega$，$R2=150k\Omega$。在 a 点和 4 点接虚拟电压表用以观察输出信号电位。

单击 Proteus 图屏幕左下角的运行键，系统开始运行，将出现如图 3-32 所示的电路运行图。图中可以看到 a 点低电位，b 点高电位，4 点低电位。合上开关 SW1，就变成 a 点高电位，b 点低电位，4 点高电位（如图 3-33 所示）。断开开关 SW1，就会变成 a 点低电位，b 点高电位，4 点低电位。

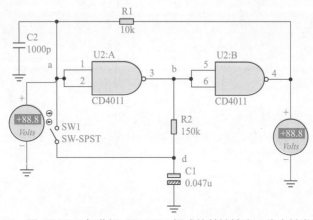

图 3-31　用 CMOS 与非门 CD4011 组成的单端输出双稳态触发器电路

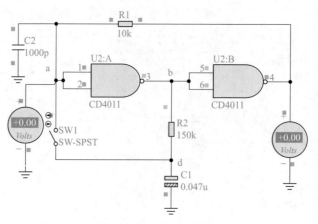

图 3-32　单端输出双稳态触发器电路运行图 1

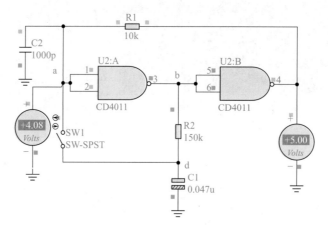

图 3-33　单端输出双稳态触发器电路运行图 2

第4章 由集成电路构成的双稳、单稳、无稳电路

本章介绍具有双稳、单稳、无稳功能的集成电路。

❶ 用集成单稳态触发器 CD4098 实现脉冲延迟电路。

❷ 用集成单稳态触发器 CD4098 组成的多谐振荡器电路。

❸ 使用外接电阻方式和使用内部电阻方式的单稳态触发器 74LS121 功能测试。

❹ 单稳态触发器 74LS123 功能测试。

❺ 非重复触发集成单稳态触发器 74LS221 功能测试。

❻ 集成施密特触发器 74LS14 功能测试。

❼ 集成施密特触发器 74LS13 功能测试。

❽ 集成六施密特触发器 CC40106 功能测试。

❾ 由集成六施密特触发器 CC40106 构成的正弦波转方波电路。

❿ 由集成六施密特触发器 CC40106 构成的多谐振荡器电路。

⓫ 由集成六施密特触发器 CC40106 构成的上升沿触发的单稳态触发器电路。

⓬ 由集成六施密特触发器 CC40106 构成的下降沿触发的单稳态触发器电路。

⓭ 两输入端四与非门施密特触发器 CC4093 功能测试电路 1。

⓮ 两输入端四与非门施密特触发器 CC4093 功能测试电路 2。

⓯ 按第一种基本接法接成的 ICL8038 函数发生器应用电路。

⓰ 按第二种基本接法接成的 ICL8038 函数发生器应用电路。

电子元器件的发展历程是：先有分立元件，后有集成元件；先有分立元件电路，后有集成电路；先有小规模集成电路，后有中规模集成电路和大规模集成电路。随着集成电路技术的进步，人们逐渐把分立元件组成的具有成熟的特殊功能的电路，制成集成电路。集成电路能保持原电路的所有功能甚至能改善原电路的性能，而体积和重量却大大降低。双稳、单稳触发器，施密特触发器和多谐振荡器都有它们相应的集成电路。

· 4.1 ·
单稳态触发器

4.1.1 集成单稳态触发器 CC14528（CD4098）

（1）集成单稳态触发器 CC14528（CD4098）的功能

图 4-1 为 CC14528（CD4098）的引脚排列，表 4-1 为 CC14528（CD4098）的功能表。该器件能提供稳定的单脉冲，脉宽由外部电阻 R_x 和外部电容 C_x 决定，调整 R_x 和 C_x 可使 Q 端和 $\overline{Q}$ 端输出脉冲宽度有一个较宽的范围。该器件可采用上升沿触发（+TR），也可以采用下降沿触发（-TR）。在正常工作时，电路应由每一个新脉冲去触发。当采用上升沿触发时，为防止重复触发，$\overline{Q}$ 必须连接到 -TR 端。同样，在使用下降沿触发时，Q 端必须连接到 +TR 端。

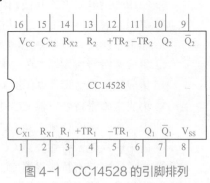

图 4-1　CC14528 的引脚排列

该单稳态触发器的时间周期约为 $T_x = R_x C_x$。所有的输出级都有缓冲级，以提供较大的驱动电流。

表4-1　CC14528（CD4098）的功能表

输入			输出	
+TR	-TR	$\overline{R}$	Q	$\overline{Q}$
⊓	1	1	⊓	⊔
⊓	0	1	Q	$\overline{Q}$
1	⊐	1	Q	$\overline{Q}$
0	⊐	1	⊓	⊔
×	×	0	0	1

（2）集成单稳态触发器 CC14528（CD4098）的应用

单稳态触发器 CC14528（CD4098）可以实现脉冲延迟和多谐振荡。实现脉冲延迟的电路如图 4-2（a）所示，其输入输出波形如图 4-2（b）所示。实现多谐振荡的电路及其输出波形如图 4-3 所示。

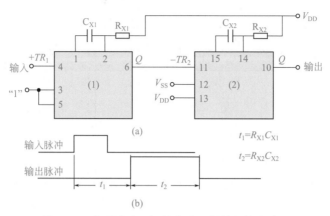

图 4-2　实现脉冲延迟的电路及其输入输出波形

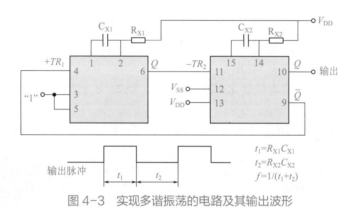

图 4-3　实现多谐振荡的电路及其输出波形

4.1.2　集成单稳态触发器 74LS121

（1）74LS121 的功能与连接方式

74LS121 是一种 TTL 集成单稳态触发器，它是一种不可重复触发的单稳态触发器，它既可采用上升沿触发，又可采用下降沿触发，其内部还有定时电阻（R_{int}）（约为 2kΩ）。其引脚排列如图 4-4 所示。图中，A1、A2 和 B 是触发输入端，Q 和 $\overline{Q}$ 是输出端，CEXT 和 REXT/CEXT 是外接定时元器件引脚，RINT 是内部电阻引脚。

集成单稳态触发器 74LS121 的外部元件连接方法有两种：

❶ 使用外接电阻（R_{ext}）且电路为下降沿触发的连接方式。

❷ 使用内部电阻（R_{int}）且电路为上升沿触发的连接方式。

表 4-2 是 74LS121 功能表。从功能表可以看出，A1、A2 的下降沿，B 的上升沿均可触发单稳态触发器 74LS121。

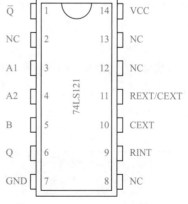

图 4-4　74LS121 引脚排列图

表4-2　74LS121功能表

输入			输出		工作方式
A1	A2	B	Q	Q̄	
0	×	1	0	1	保持稳态
×	0	1	0	1	
×	×	0	0	1	
1	1	×	0	1	
1	↓	1	⊓	⊔	下降沿触发
↓	↓	1			
↓	1	1			
0	X	↑	⊓	⊔	上升沿触发
X	0	↑			

（2）74LS121 的应用

74LS121 是一种不可重复触发的单稳态触发器，所谓"不可重复触发"是指，在输出端产生输出脉冲未结束时不能再次被输入触发信号触发，因而输出脉冲的宽度是固定的。根据对 74LS121 芯片功能的测试，确定 74LS121 有以下功能：

❶ 当 A1、A2、B 上没有电位变化，换言之，A1、A2、B 上没有上升沿或下降沿到来时，单稳态触发器保持稳态。

❷ 使用外接电阻方式的单稳态触发器 74LS121，当 $B=1$，$A2=1$ 时，可以被 A1 上的下降沿触发一次，输出一个矩形波。

❸ 使用内部电阻方式的单稳态触发器 74LS121，当 $A1=0$ 或 $A2=0$ 时，可以被 B 上的上升沿触发一次，输出一个矩形波。

4.1.3　可重复触发单稳态触发器 74LS123

（1）74LS123 的功能

74LS123 是一种可重复触发的 TTL 集成单稳态触发器，其芯片内有两个可重复触发的单稳态触发器，其引脚排列如图 4-5 所示。图中，1A、1B、2A、2B 是触发器输入端，1Q、$\overline{1Q}$、2Q、$\overline{2Q}$ 是输出端，$\overline{1CLR}$ 和 $\overline{2CLR}$ 是清除端，1CEXT、1REXT/CEXT、2CEXT、2REXT/CEXT 是外接定时元器件引脚。

表 4-3 是 74LS123 功能表。从功能表可以看出，A 的下降沿、CLR 或 B 的上升沿均可触发单稳态触发器 74LS123。

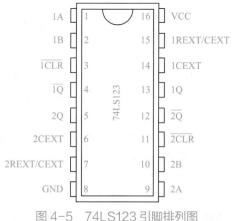

图 4-5　74LS123 引脚排列图

表4-3　74LS123功能表

输入			输出		74LS123工作方式
CLR	A	B	Q	Q̄	
L	×	×	L	H	复零
H	H	×	L	H	不变
H	×	L	L	H	

续表

输入			输出		74LS123工作方式
CLR	A	B	Q	Q̄	
↑	L	H	⎍（正脉冲）	⎎（负脉冲）	触发
H	L	↑	⎍（正脉冲）	⎎（负脉冲）	
H	↓	H	⎍（正脉冲）	⎎（负脉冲）	

注：表中L表示低电平，为0；H表示高电平，为1；下同。

（2）74LS123 的应用

74LS123 是一种可重复触发的 TTL 集成单稳态触发器，所谓"可重复触发"是指，输出端产生输出脉冲未结束时能被触发信号重复地触发，使这个脉冲展宽一再展宽一个脉冲宽度。根据对 74LS123 芯片功能的测试，确定 74LS123 有以下功能：

❶ 当 MR（或 CLR）=0 时，单稳态触发器复零。

❷ 当 A=0，B=1 时，MR 的上升沿到来，会使单稳态触发器触发 - 输出一个正脉冲。

❸ 当 MR=1，B=1 时，A 的下降沿到来，会使单稳态触发器触发。

❹ 当 MR=1，A=0 时，B 的上升沿到来，会使单稳态触发器触发。

4.1.4　非重复触发单稳态触发器 74LS221

（1）74LS221 的功能

74LS221 是一种不可重复触发的 TTL 集成单稳态触发器，74LS221 芯片内有两个不可重复触发的单稳态触发器，其引脚排列如图 4-6 所示。图中，1A、1B、2A、2B 是触发器输入端，1Q、$\overline{1Q}$、2Q、$\overline{2Q}$ 是输出端，$\overline{1CLR}$ 和 $\overline{2CLR}$ 是清除端，1CEXT、1REXT/CEXT、2CEXT、2REXT/CEXT 是外接定时元器件引脚。

表 4-4 是 74LS221 功能表。从功能表可以看出，A 的下降沿、CLR 或 B 的上升沿均可触发单稳态触发器 74LS221。

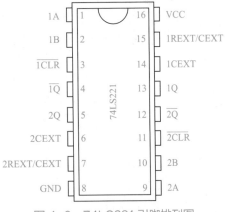

图 4-6　74LS221 引脚排列图

表4-4　74LS221功能表

输入			输出		74LS221工作方式
CLR	A	B	Q	Q̄	
L	×	×	L	H	复零
H	H	×	L	H	不变
H	×	L	L	H	
↑	L	H	⎍（正脉冲）	⎎（负脉冲）	触发
H	L	↑	⎍（正脉冲）	⎎（负脉冲）	
H	↓	H	⎍（正脉冲）	⎎（负脉冲）	

（2）74LS221 的应用

74LS221 是一种不可重复触发的 TTL 集成单稳态触发器，一个芯片内有两个不可重复触发的单稳态触发器。所谓"不可重复触发"是指，在输出端产生输出脉冲未结束时不能再次被输入触发信号触发，因而输出脉冲的宽度是固定的。根据对 74LS221 芯片功能的测试，确定 74LS221 有以下功能：

❶ 当 MR（或 CLR）=0 时，单稳态触发器复零。

❷ 有三种情况，会使单稳态触发器触发 - 输出一个正脉冲。

a. 当 A=0，B=1 时，MR 的上升沿到来。

b. 当 MR=1，B=1 时，A 的下降沿到来。

c. 当 MR=1，A=0 时，B 的上升沿到来。

❸ 74LS221 和前面介绍的 74LS123 两芯片引脚排列相同，功能表相同，不同之处是：74LS123 是可重复触发的，74LS221 是不可重复触发的。

4.1.5 用 Proteus 仿真

（1）集成单稳态触发器 CD4098

【例 4-1】 用集成单稳态触发器 CD4098 实现脉冲延迟电路如图 4-7 所示。已知，电路中 U1:A 和 U1:B 为 CD4098，$C1$=$C2$=0.1μF，$R2$=$R3$=10kΩ。在 VI 处输入近似方波信号，在 VO 处接虚拟示波器观察输出信号。

在 VI 处输入频率为 10Hz、幅度是 +4V 的近似方波信号，用 Proteus 交互仿真功能，可以测出电路的输出波形，如图 4-8 所示。图中 B 通道的蓝线为输入方波波形，A 通道的黄线为输出的已经延迟的脉冲波形。两段的延迟时间分别由 RX1、CX1 和 RX2、CX2 决定。

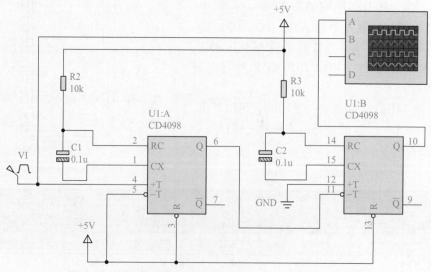

图 4-7　用集成单稳态触发器 CD4098 实现脉冲延迟电路

注：图中 RC 分别对应于图 4-1 中的 R_{X1}、R_{X2}，下同

【例 4-2】 用集成单稳态触发器 CD4098 组成的多谐振荡器电路如图 4-9 所示。已知，电路中 U1:A 和 U1:B 为 CD4098，$C1$=$C2$=0.1μF，$R2$=$R3$=100kΩ。在 U1:A 和 U1:B 的 Q 端接虚拟示波器观察输出信号。

先将图中的开关 SW1 拨到接地端，仿真开始后，再把开关 SW1 拨到接 +5V 端，可以测出电路的输出波形，如图 4-10 所示。图中 B 通道的蓝线为 U1:A 的 Q 端输出波形，A 通道的黄线为 U1:B 的 Q 端输出方波波形。两波形相位相反。根据 A 通道的波形，可以看出它的周期为 9ms，换算成频率，约为 100Hz。通过调节电路中的 C1、C2 及 R2、R3 的值，可以改变矩形波的占空比，也可改变其振荡频率。

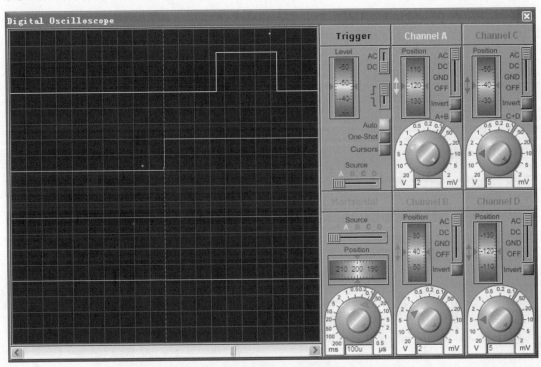

图 4-8　用 CD4098 实现脉冲延迟电路输入输出波形

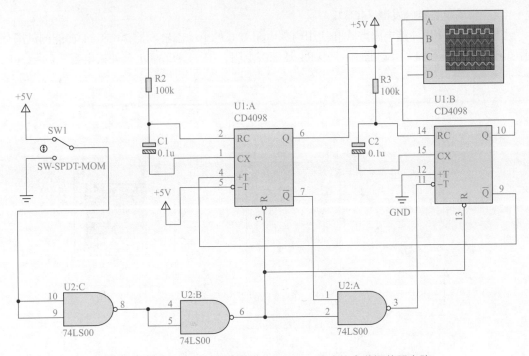

图 4-9　用集成单稳态触发器 CD4098 组成的多谐振荡器电路

我们看一下理论计算的矩形波频率是多少。由公式 $t_1=R_{X1}C_{X1}$，$t_2=R_{X2}C_{X2}$，$f=1/(t_1+t_2)$，可求得

$$f=1/(100\times10^3\times0.1\times10^{-6}\times2)=50\text{Hz}$$

可见，两者相差不少。

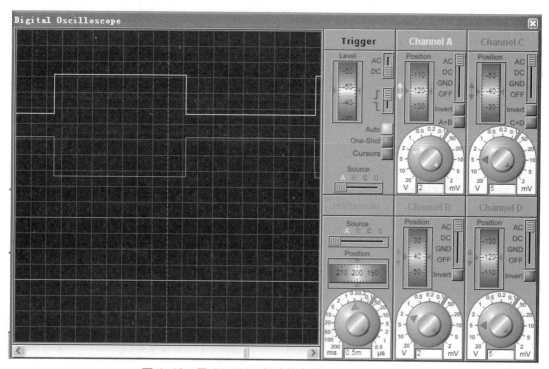

图 4-10　用 CD4098 组成的多谐振荡器输出波形

（2）集成单稳态触发器 74LS121

【**例 4-3**】　使用外接电阻方式和使用内部电阻方式的单稳态触发器 74LS121 功能测试图分别如图 4-11、图 4-12 所示。图 4-11 中 R1 是外接电阻，$R1=470\Omega$，C1 是外接电容，$C1=47\mu\text{F}$，

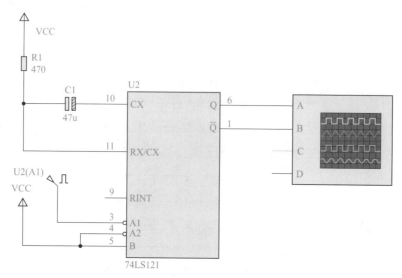

图 4-11　使用外接电阻方式的单稳态触发器 74LS121 功能测试图

B 和 A2 均接高电位，A1 接脉冲输入端，接正脉冲信号源 U2（A1）。图中 74LS121 的输出 Q 和 $\overline{Q}$ 接虚拟示波器的 A、B 通道。图 4-12 中 C1 是外接电容，$C1=10\mu F$，A1 和 A2 均接低电位，B 接脉冲输入端，接上升沿信号源 U2（B）。图中 74LS121 的输出 Q 和 $\overline{Q}$ 接虚拟示波器的 A、B 通道。

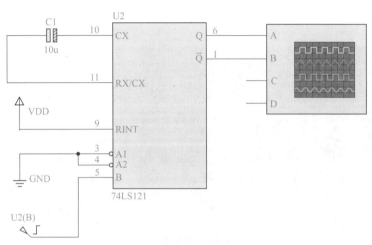

图 4-12　使用内部电阻方式的单稳态触发器 74LS121 功能测试图

　　在图 4-11 中，单击 Proteus 图屏幕左下角的运行键，系统开始运行，将出现如图 4-13 所示的使用外接电阻方式的单稳态触发器 74LS121 功能测试结果图。从图可见，此时，单稳态触发器 74LS121 在 Q 和 $\overline{Q}$ 点输出一个互为反相的矩形波，而且仅此一个。这表明，使用外接电阻方式的单稳态触发器 74LS121，在 B 和 A2 均接高电位时，可以被 A1 上的下降沿触发一次，输出一个矩形波；仅此一次，不能重复触发。

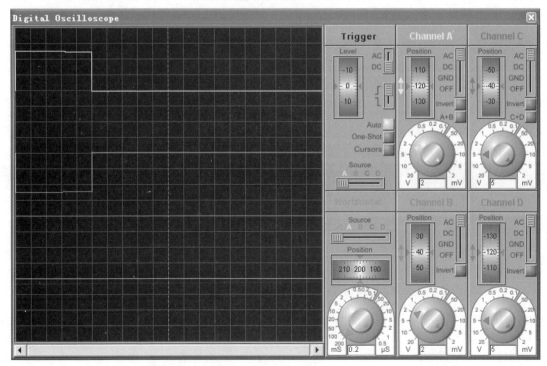

图 4-13　使用外接电阻方式的单稳态触发器 74LS121 功能测试结果图

在图 4-12 中，单击 Proteus 图屏幕左下角的运行键，系统开始运行，将出现如图 4-14 所示的使用内部电阻方式的单稳态触发器 74LS121 功能测试结果图。从图可见，此时，单稳态触发器 74LS121 在 Q 和 $\overline{Q}$ 点输出一个互为反相的矩形波，而且仅此一个。这表明，使用内部电阻方式的单稳态触发器 74LS121，在 A1 和 A2 均接低电位时，可以被 B 上的上升沿触发一次，输出一个矩形波；仅此一次，不能重复触发。

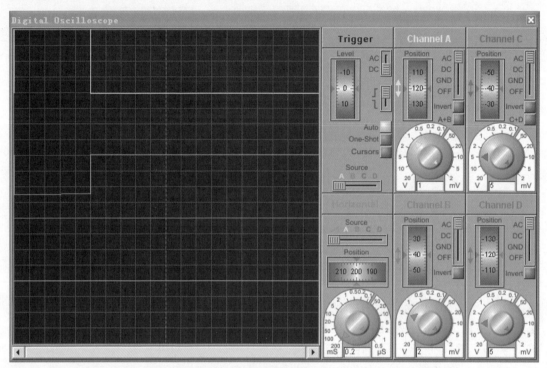

图 4-14　使用内部电阻方式的单稳态触发器 74LS121 功能测试结果图

（3）可重复触发集成单稳态触发器 74LS123

【例 4-4】　单稳态触发器 74LS123 功能测试图如图 4-15 所示，主要由 U1:A 和 U1:B 两个单

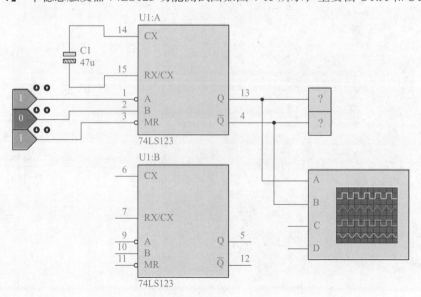

图 4-15　单稳态触发器 74LS123 功能测试图

稳态触发器组成，这里只对 U1:A 进行测试。图中 C1 是外接电容，$C1=47\mu F$。A、B、MR 接 "逻辑状态" 调试元件；Q、$\overline{Q}$ 接 "逻辑探针" 调试元件，同时将虚拟示波器的 A、B 通道接 74LS123 的输出 Q 和 $\overline{Q}$。

　　首先，分别给 A、B 送 "1"，给 MR 送 "0"，单击 Proteus 图屏幕左下角的运行键，系统开始运行，出现如图 4-16 所示的单稳态触发器 74LS123 功能测试结果图。从图可见，此时，Q 为 "0"，$\overline{Q}$ 为 "1"。这表明当 $MR=0$ 时，不管输入端 A、B 的状态如何，单稳态触发器 74LS123 都将被复零。

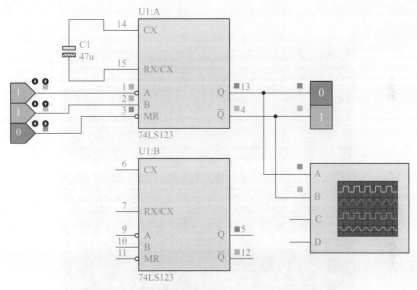

图 4-16　单稳态触发器 74LS123 功能测试结果图

　　其次，在图 4-16 的基础上，给 A 送 "0"，给 B 送 "1"，给 MR 先送 "0" 再送 "1"，则

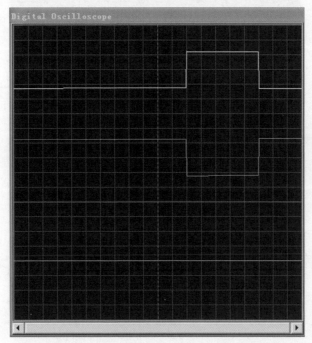

图 4-17　单稳态触发器 74LS123 功能测试波形图 1

虚拟示波器上将出现如图 4-17 所示的 74LS123 功能测试波形图。从图可见，此时，Q 上输出一个正的矩形波，$\overline{Q}$ 上输出一个负的矩形波。这表明当 $A=0$，$B=1$ 时，MR 的上升沿到来，会使单稳态触发器输出一个正脉冲。

最后，在图 4-16 的基础上，给 MR 送 "1"，给 B 送 "1"，给 A 先送 "1" 再送 "0"，相当于给 A 送一个下降沿，则虚拟示波器上将出现如图 4-18 所示的 74LS123 功能测试波形图。从图可见，此时，Q 上输出一个正的矩形波，$\overline{Q}$ 上输出一个负的矩形波。这表明当 $MR=1$，$B=1$ 时，A 的下降沿也会使单稳态触发器输出一个正脉冲。还有一种情况，当 $MR=1$，$A=0$ 时，B 的上升沿到来，也会使单稳态触发器输出一个正脉冲（如图 4-19 所示）。

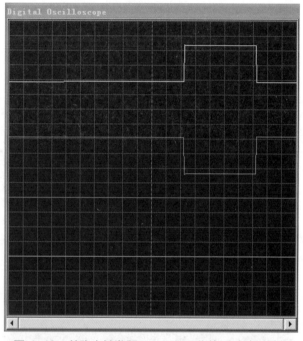

图 4-18　单稳态触发器 74LS123 功能测试波形图 2

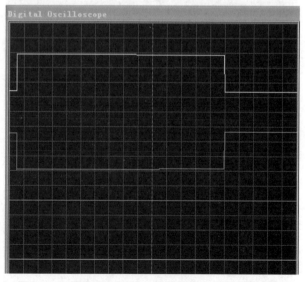

图 4-19　单稳态触发器 74LS123 功能测试波形图 3

（4）非重复触发集成单稳态触发器 74LS221

【例 4-5】 非重复触发集成单稳态触发器 74LS221 的功能测试图如图 4-20 所示，主要由 U1:A 和 U1:B 两个单稳态触发器组成，这里只对 U1:A 进行测试。图中 C1 是外接电容，$C1=47\mu F$。A、B、MR 接"逻辑状态"调试元件；Q、$\overline{Q}$ 接"逻辑探针"调试元件，同时将虚拟示波器的 A、B 通道接 74LS221 的输出 Q 和 $\overline{Q}$。

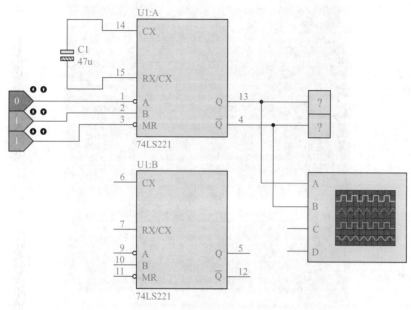

图 4-20 单稳态触发器 74LS221 功能测试图

首先，分别给 A、B 送"1"，给 MR 送"0"，单击 Proteus 图屏幕左下角的运行键，系统开始运行，出现如图 4-21 所示的单稳态触发器 74LS221 功能测试结果图。从图可见，此时，Q 为"0"，$\overline{Q}$ 为"1"。这表明当 $MR=0$ 时，不管输入端 A、B 的状态如何，单稳态触发器 74LS221 都将被复零。

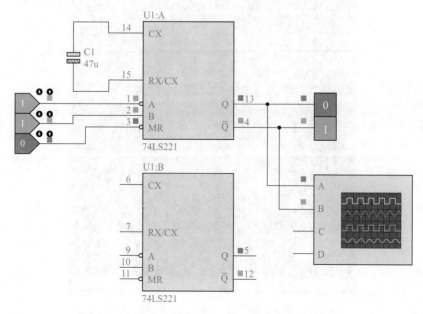

图 4-21 单稳态触发器 74LS221 功能测试结果图

其次，在图 4-21 的基础上，给 A 送 "0"，给 B 送 "1"，给 MR 先送 "0" 再送 "1"，则虚拟示波器上将出现如图 4-22 所示的 74LS221 功能测试波形图。从图可见，此时，Q 上输出一个正的矩形波，$\overline{Q}$ 上输出一个负的矩形波。这表明当 $A=0$，$B=1$ 时，MR 的上升沿到来，会使单稳态触发器输出一个正脉冲。

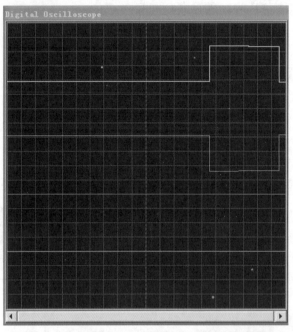

图 4-22　单稳态触发器 74LS221 功能测试波形图 1

最后，在图 4-21 的基础上，给 MR 送 "1"，给 B 送 "1"，给 A 先送 "1" 再送 "0"，相当于给 A 送一个下降沿，则虚拟示波器上将出现如图 4-23 所示的 74LS221 功能测试波形图。

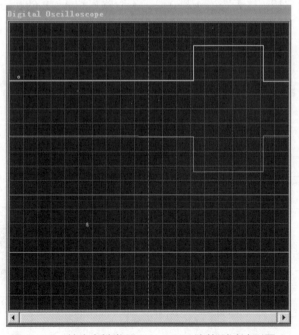

图 4-23　单稳态触发器 74LS221 功能测试波形图 2

从图可见，此时，Q 上输出一个正的矩形波，$\overline{Q}$ 上输出一个负的矩形波。这表明当 $MR=1$，$B=1$ 时，A 的下降沿也会使单稳态触发器输出一个正脉冲。还有一种情况，当 $MR=1$，$A=0$ 时，B 的上升沿到来，也会使单稳态触发器输出一个正脉冲。

· 4.2 ·

施密特触发器

4.2.1　集成电路施密特触发器 74LS14

74LS14 是 TTL 集成施密特触发的六反相器，其引脚排列如图 4-24 所示。74LS14 的上限阈值电压 V_{T+} 为 1.6V，下限阈值电压 V_{T-} 为 0.8V，回差电压 ΔV_T 为 0.8V。

4.2.2　集成电路施密特触发器 74LS13

74LS13 是 TTL 集成施密特触发的两个 4 输入与非门，其引脚排列如图 4-25 所示。74LS13 的上限阈值电压 V_{T+} 为 1.6V，下限阈值电压 V_{T-} 为 0.7V，回差电压 ΔV_T 为 0.9V。

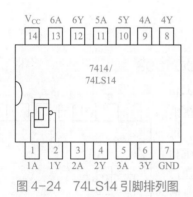

图 4-24　74LS14 引脚排列图

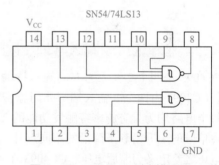

图 4-25　74LS13 引脚排列图

4.2.3　集成六施密特触发器（反相）CC40106

如图 4-26 所示为集成六施密特触发器 CC40106 的引脚排列，CC40106 在 10V 电源电压时的上限阈值电压 V_{T+} 为 5.9V，下限阈值电压 V_{T-} 为 3.9V，回差电压 ΔV_T 为 2.0V；在 5V 电源电压时的上限阈值电压 V_{T+} 为 2.9V，下限阈值电压 V_{T-} 为 1.9V，回差电压 ΔV_T 为 1.0V。它可用于波形的整形，也可构成单稳态触发器和多谐振荡器。

❶ 将正弦波转换为方波电路，如图 4-27 所示。

❷ 构成多谐振荡器电路，如图 4-28 所示。

❸ 构成单稳态触发器，图 4-29（a）为下降沿触发，图 4-29（b）为上升沿触发。

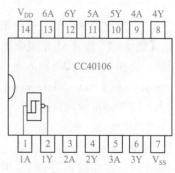

图 4-26　CC40106 引脚排列

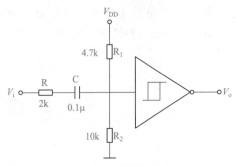

图 4-27　正弦波转换为方波

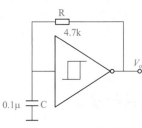

图 4-28　构成多谐振荡器

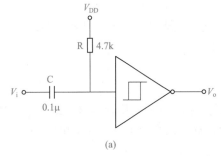

(a)

(b)

图 4-29　单稳态触发器

4.2.4　集成四个 2 输入与非门施密特触发器 CC4093

CC4093 是四个 2 输入与非门施密特触发器。如图 4-30 所示，CC4093 由四个 2 输入端与非门施密特触发器电路组成。每个电路均为具有施密特触发功能的 2 输入与非门。每个门在信号的上升沿和下降沿的不同点开、关。上升电压和下降电压之差定义为滞后电压。CC4093 在 10V 电源电压时，回差电压典型值为 2.3V；在 5V 电源电压时，回差电压典型值为 0.9V。

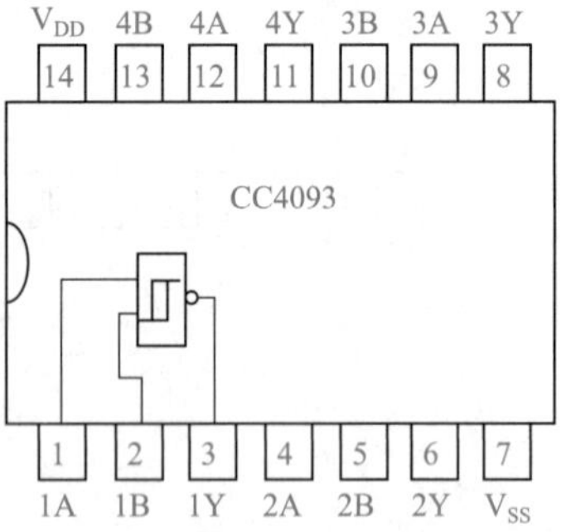

V_{DD}	4B	4A	4Y	3B	3A	3Y
14	13	12	11	10	9	8

CC4093

1	2	3	4	5	6	7
1A	1B	1Y	2A	2B	2Y	V_{SS}

图 4-30　CC4093 引脚图

4.2.5　用 Proteus 仿真

（1）集成施密特触发器电路 74LS14 功能测试

【例 4-6】　图 4-31 是集成施密特触发器电路 74LS14 功能测试图，图中 U4:A 为 74LS14 反相器，反相器的 1 脚接输入电压信号 VI，2 脚为输出信号脚 VO，VI 和 VO 都接虚拟直流电压表，用来测量输入输出电压。

在 VI 处输入幅度是 +0.5V 的直流电压信号，用 Proteus 交互仿真功能，可以测出电路的输出电压，如图 4-32 所示。图中 VO 处的虚拟直流电压表显示 "+5.00"。

在 VI 处输入幅度是 +1.5V 的直流电压信号，重新仿真，此时电路的输出电压，如图 4-33

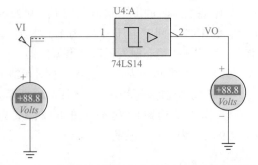

图 4-31　施密特触发器电路 74LS14 功能测试图

所示。图中 VO 处的虚拟直流电压表显示 "0.00"。

通过在 VI 处输入不同幅度的直流电压，反复仿真，可以知道：当在 VI 处从小到大输入电压 0 到 0.8V 时，VO 处的虚拟直流电压表都显示 "+5.00"，当超过 0.8V 时，电压表显示 "0.00"；当在 VI 处从大到小输入电压 5V 到 0.9V 时，VO 处的虚拟直流电压表都显示 "0.00"，当小于 0.9V 时，电压表显示 "+5.00"。

由此可知，集成施密特触发器电路 74LS14 输出高低电平的转折电压为 0.9V。该电路测不出施密特触发器电路的回差电压 ΔV_T。

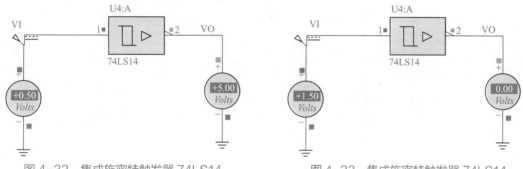

图 4-32　集成施密特触发器 74LS14　　　　图 4-33　集成施密特触发器 74LS14
　　　　功能测试结果图 1　　　　　　　　　　　　　功能测试结果图 2

（2）集成施密特触发器电路 74LS13 功能测试

【例 4-7】 图 4-34 是集成施密特触发器电路 74LS13 功能测试图，图中 U1:A 为 74LS13 的一个四输入与非门，与非门的 1、2、4、5 脚依次接输入电压信号端 U1、U2、U3、U4，U1、U2、U3、U4 端同时接虚拟直流电压表用以测量输入电压。与非门的 6 脚接直流电压表，用来测量输出电压。

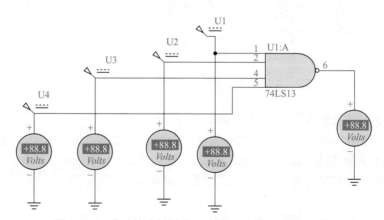

图 4-34　集成施密特触发器电路 74LS13 功能测试图

在输入端 U1、U2、U3、U4 各自输入幅度是 +0.5V 的直流电压信号，用 Proteus 交互仿真功能，可以测出电路的输出电压值，如图 4-35 所示。图中 6 脚处的虚拟直流电压表显示 "+5.00"。

在输入端 U1、U2、U3、U4 各自输入幅度是 +1.6V 的直流电压信号，重新仿真，此时电路的输出电压值，如图 4-36 所示。图中 6 脚处的虚拟直流电压表显示 "0.00"。

通过在输入端 U1、U2、U3、U4 输入不同的电压值，反复仿真，可以知道：当在 U1、

U2、U3、U4 处从小到大输入电压 0 到 0.8V 时，6 脚处的虚拟直流电压表都显示 "+5.00"，当超过 0.8V 时，电压表显示 "0.00"；当在 6 脚处从大到小输入电压 5V 到 0.9V 时，6 脚处的虚拟直流电压表都显示 "0.00"，当小于 0.9V 时，电压表显示 "+5.00"。

由此可知，施密特触发器电路 74LS13 输出高低电平的转折电压为 0.8V。该电路测不出来集成施密特触发器电路 74LS13 的回差电压 ΔV_T。

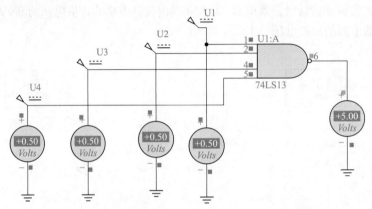

图 4-35　集成施密特触发器 74LS13 功能测试结果图 1

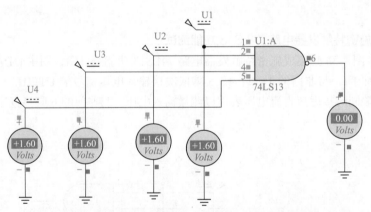

图 4-36　集成施密特触发器 74LS13 功能测试结果图 2

（3）集成六施密特触发器 CC40106 功能测试

【例 4-8】　图 4-37 是集成六施密特触发器 CC40106 功能测试图，图中 U1:A 为 CC40106 的一个反相器，反相器的 1 脚接输入电压信号端 VI，VI 端同时接虚拟直流电压表用以测量输入电压。反相器的 2 脚接直流电压表，用来测量输出电压。

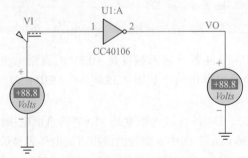

图 4-37　集成六施密特触发器 CC40106 功能测试图

在 VI 处输入幅度是 +3.0V 的直流电压信号，用 Proteus 交互仿真功能，可以测出电路的输出电压，如图 4-38 所示。图中 VO 处的虚拟直流电压表显示"+5.00"。

在 VI 处输入幅度是 +3.5V 的直流电压信号，重新仿真，此时电路的输出电压值，如图 4-39 所示。图中 VO 处的虚拟直流电压表显示"0.00"。

通过在 VI 处输入不同幅度的直流电压，反复仿真，可以知道：当在 VI 处从小到大输入电压 0 到 3.4V 时，VO 处的虚拟直流电压表都显示"+5.00"，当超过 3.4V 时，电压表显示"0.00"；当在 VI 处从大到小输入电压 5V 到 3.5V 时，VO 处的虚拟直流电压表都显示"0.00"，当小于 3.5V 时，电压表显示"+5.00"。

由此可知，集成六施密特触发器 CC40106 输出高低电平的转折电压为 3.5V。该电路测不出来集成六施密特触发器 CC40106 的回差电压 ΔV_{T}。

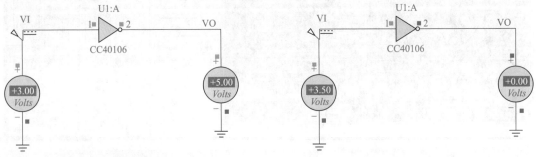

图 4-38　集成六施密特触发器 CC40106　　　　图 4-39　集成六施密特触发器 CC40106
　　　　功能测试结果图 1　　　　　　　　　　　　　　功能测试结果图 2

（4）由集成六施密特触发器 CC40106 构成的正弦波转方波电路

【例 4-9】　由集成六施密特触发器 CC40106 构成的正弦波转方波电路如图 4-40 所示。已知，U2:A 为 CC40106，电路中 $C1=100\mathrm{nF}$，$R=2\mathrm{k\Omega}$。在 VI 处输入正弦波信号，在 VO 处接虚拟示波器观察输出信号。

在 VI 处输入频率是 1kHz、幅度是 5V 的正弦波信号，用 Proteus 交互仿真功能，可以测出电路的输出电压波形，如图 4-41 所示。图中 B 通道的蓝线为输入的正弦波波形，A 通道的黄线为输出矩形波波形。可见，图 4-40 中的电路已将正弦波转换为同频率的方波。

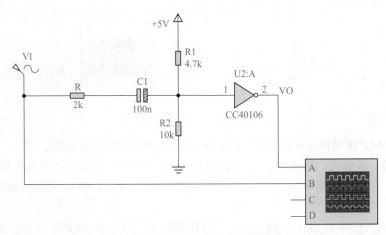

图 4-40　由集成六施密特触发器 CC40106 构成的正弦波转方波电路

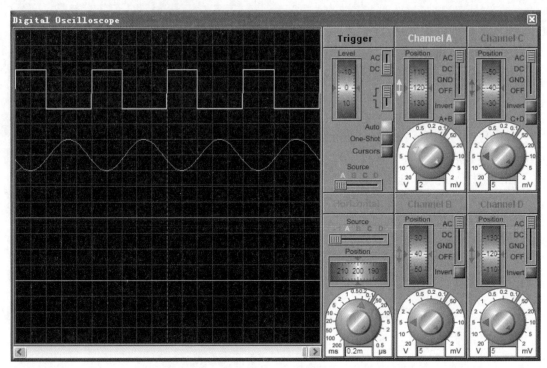

图 4-41　由集成六施密特触发器 CC40106 构成的正弦波转方波电路输入输出波形

（5）由集成六施密特触发器 CC40106 构成的多谐振荡器电路

【例 4-10】　由集成六施密特触发器 CC40106 构成的多谐振荡器电路如图 4-42 所示。已知，电路中 U1:A 为 CC40106，C=100nF，$R1$=4.7kΩ。在 VO 处接虚拟示波器观察输出信号。

用 Proteus 交互仿真功能，可以测出电路的输出电压波形，如图 4-43 所示。图中显示不是非常规范的矩形波。

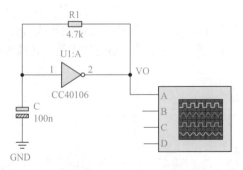

图 4-42　由集成六施密特触发器 CC40106 构成的多谐振荡器电路

（6）由集成六施密特触发器 CC40106 构成的上升沿触发的单稳态触发器

【例 4-11】　由集成六施密特触发器 CC40106 构成的上升沿触发的单稳态触发器电路如图 4-44 所示。已知，电路中 U2:A 为 CC40106，C=100nF，$R1$=4.7kΩ。在 VO 处接虚拟示波器观察输出信号。

在 VI 处输入频率是 1kHz、幅度是 5V 的方波信号，用 Proteus 交互仿真功能，可以测出电路的输出电压波形，如图 4-45 所示。图中 B 通道的蓝线为输入的矩形波波形，A 通道的黄线为输出矩形波波形。由图可见，B 通道的上升沿触发了 A 通道的矩形波。

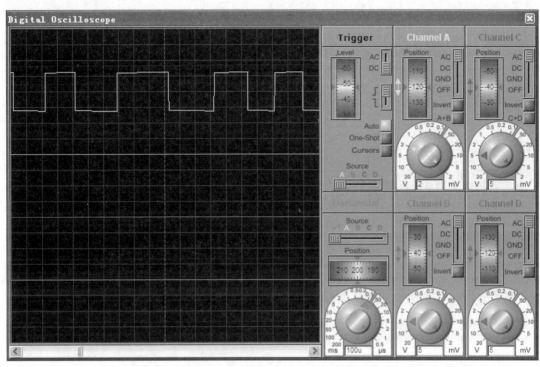

图 4-43　由集成六施密特触发器 CC40106 构成的多谐振荡器电路输出波形

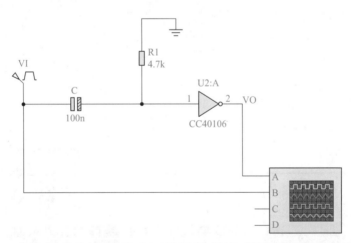

图 4-44　由集成六施密特触发器 CC40106 构成的上升沿触发的单稳态触发器电路

（7）由集成六施密特触发器 CC40106 构成的下降沿触发的单稳态触发器

【例 4-12】　由集成六施密特触发器 CC40106 构成的下降沿触发的单稳态触发器电路如图 4-46 所示。已知，电路中 U2:A 为 CC40106，C=100nF，$R1$=4.7kΩ。在 VO 处接虚拟示波器观察输出信号。

在 VI 处输入频率是 1kHz、幅度是 5V 的方波信号，用 Proteus 交互仿真功能，可以测出电路的输出电压波形，如图 4-47 所示。图中 B 通道的蓝线为输入的矩形波波形，A 通道的黄线为输出矩形波波形。由图可见，B 通道的下降沿触发了 A 通道的矩形波。

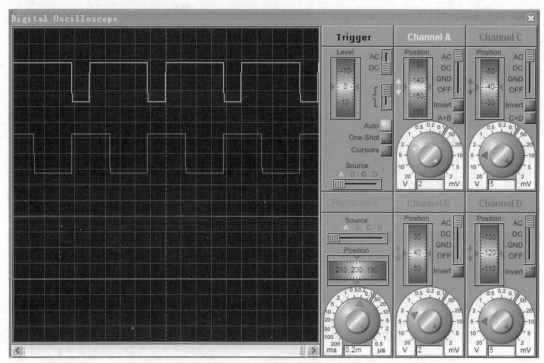

图 4-45　由 CC40106 构成的上升沿触发的单稳态触发器电路输入输出波形

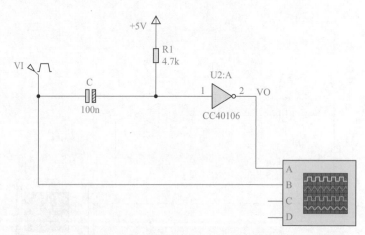

图 4-46　由 CC40106 构成的下降沿触发的单稳态触发器电路

（8）两输入端四与非门施密特触发器 CC4093 的测试电路 1

【例 4-13】　两输入端四与非门施密特触发器 CC4093 的功能测试电路 1 如图 4-48 所示，图中 U1:A 为四个与非门电路之一，使 1、2 脚分别接输入电压信号端 VI1、VI2，VI1、VI2 同时接虚拟直流电压表，用来测量输入电压。3 脚接虚拟直流电压表，用以测量输出电压。

在 VI1 和 VI2 处输入幅度是 +3.3V 的直流电压信号，用 Proteus 交互仿真功能，可以测出电路的输出电压值，如图 4-49 所示。图中 3 脚处的虚拟直流电压表显示"+5.00"。

在 VI1 和 VI2 处输入幅度是 +4.3V 的直流电压信号，重新仿真，此时电路的输出电压，如图 4-50 所示。图中 3 脚处的虚拟直流电压表显示"0.00"。

通过在 VI1 和 VI2 处输入不同幅度的直流电压，反复仿真，可以知道：当在 VI1 和 VI2

处从小到大输入电压 0 到 3.4V 时，3 脚处的虚拟直流电压表都显示 "+5.00"，当超过 3.4V 时，电压表显示 "0.00"；当在 3 脚处从大到小输入电压 5V 到 3.5V 时，VO 处的虚拟直流电压表都显示 "0.00"，当小于 3.5V 时，电压表显示 "+5.00"。

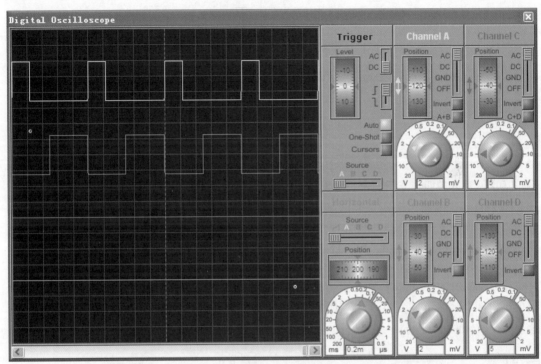

图 4-47 由 CC40106 构成的下降沿触发的单稳态触发器输出波形

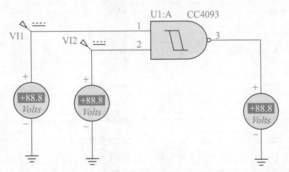

图 4-48 两输入端四与非门施密特触发器 CC4093 的测试电路 1

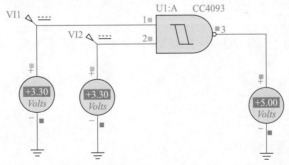

图 4-49 两输入端四与非门施密特触发器 CC4093 的测试结果图 1

由此可知，施密特触发器电路 CC4093 输出高低电平的转折电压为 3.5V。该电路测不出来施密特触发器电路 CC4093 的回差电压 ΔV_T。

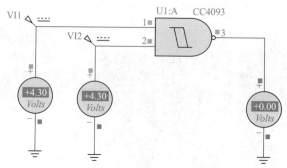

图 4-50　两输入端四与非门施密特触发器 CC4093 的测试结果图 2

（9）两输入端四与非门施密特触发器 CC4093 的测试电路 2

【例 4-14】　两输入端四与非门施密特触发器 CC4093 的功能测试电路 2 如图 4-51 所示。图中 U1:A、U1:B、U1:C、U1:D 为四个与非门电路，使 1、2、5、6、8、9、12、13 脚接"逻辑状态"调试元件；使 3、4、10、11 脚接"逻辑探针"调试元件。

首先，给 U1:A、U1:B、U1:C、U1:D 两输入端依次送"00""01""10""11"，单击 Proteus 图屏幕左下角的运行键，系统开始运行，出现如图 4-52 所示的施密特触发器 CC4093 测试结果图。从图可见，除"11"脚输出低电平外，其余"3""4""10"脚输出均为高电平。这表明，CC4093 除了有滞回特性外，其输入输出性能近似于与非门 74LS00。

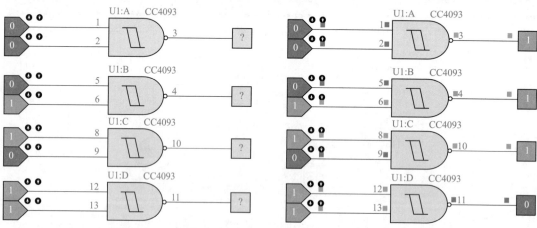

图 4-51　施密特触发器 CC4093 测试电路 2　　图 4-52　施密特触发器 CC4093 测试电路 2 的测试结果图

・4.3・

多谐振荡器

4.3.1　集成函数发生器

集成函数发生器是一种可以同时产生方波、三角波和正弦波的专用集成电路。当调节外部电路参数时，还可以获得占空比可调的矩形波和锯齿波。下面以型号为 ICL8038 的集成函数发生器为例，介绍单片集成函数发生器的特点及用法。

ICL8038 是一种多用途的波形发生器。ICL8038 函数发生器集成电路的引脚图如图 4-53 所示。可用单电源供电，即将引脚 11 接地，引脚 6 接 $+V_{CC}$，V_{CC} 为 +10 ～ +30V；也可用双电源供电，即将引脚 11 接 $-V_{EE}$，引脚 6 接 $+V_{CC}$，供电范围为 ±5V ～ ±15V。输出波形频率可调范围为 0.001Hz ～ 300kHz。

其中引脚 8 为频率调节（简称调频）电压输入端，电路的振荡频率与调频电压成正比。引脚 7 输出调频偏置电压，数值是引脚 7 与电源 $+V_{CC}$ 之差，它可作为引脚 8 的输入电压。

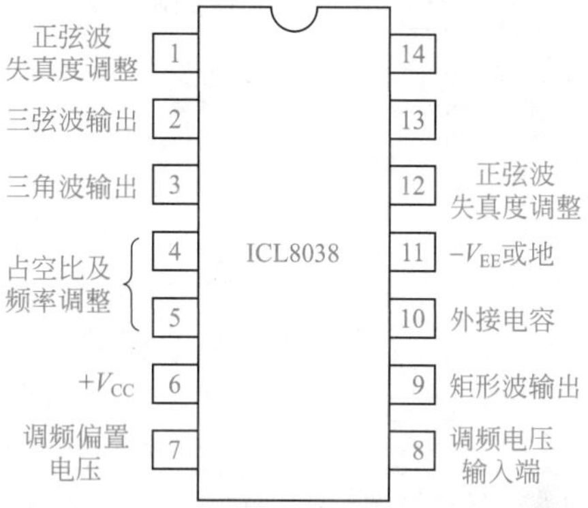

如图 4-54 所示为 ICL8038 最常见的两种基本接

图 4-53 ICL8038 函数发生器引脚图

法，矩形波输出端为集电极开路形式，需外接电阻 R_L 至 $+V_{CC}$。在图 4-54（a）所示电路中，R_A 和 R_B 可分别独立调整。在图 4-54（b）所示电路中，通过改变电位器 R_W 活动端的位置来调整 R_A 和 R_B 的数值。当 $R_A=R_B$ 时，矩形波的占空比为 50%，因而为方波。当 $R_A \neq R_B$ 时，矩形波不再是方波；同时，引脚 3 和 2 输出的也不是三角波和正弦波。ICL8038 输出波形的占空比表达式为

$$D = \frac{T_1}{T_2} = \frac{2R_A - R_B}{2R_A} \tag{4-1}$$

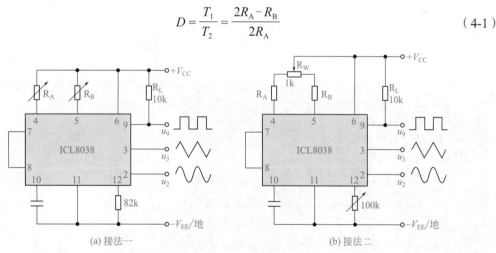

图 4-54 ICL8038 的两种基本接法

4.3.2 用 Proteus 软件仿真

（1）ICL8038 函数发生器的应用：采用第一种基本接法

【例 4-15】 如图 4-55 所示是按第一种基本接法接成的 ICL8038 函数发生器应用电路，其特点是电阻 RA 和 RB 可分别独立调整。图中 ICL8038 采用双电源供电，供电电压为 ±12V，RA=5kΩ 为固定电阻，RB=10kΩ 为可变电阻。虚拟示波器的 A、B、C 三个通道分别测量 ICL8038 输出的方波、正弦波和三角波。

先把电位器 RB 调到中间位置，用 Proteus 交互仿真功能，可以绘出电路的输出波形，如图 4-56 所示。这时，看到虚拟示波器的 A、B、C 三个通道显示的波形依次为方波、正弦波

和三角波。随着电位器向右侧调节，可以看到三种输出的波形都将变化，它们的占空比在变大，方波变成占空比较大的矩形波，三角波变成锯齿波，正弦波也变得不对称，如图 4-57 所示。如果仍从电位器 RW 的中间位置开始向左调节，可看到和上述相反的变化：三种输出的波形都将向占空比小的方向变化。如果把电位器 RW 调到最左侧位置，三种输出的波形将同时消失。

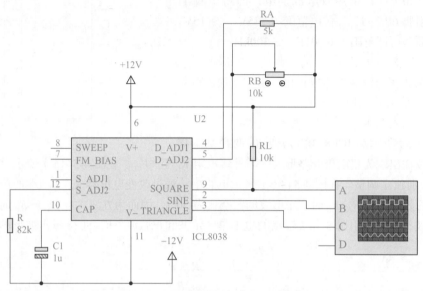

图 4-55　ICL8038 函数发生器应用电路之一

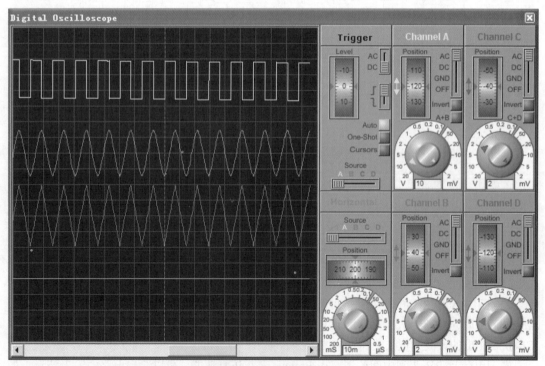

图 4-56　ICL8038 函数发生器应用电路输出波形图 1

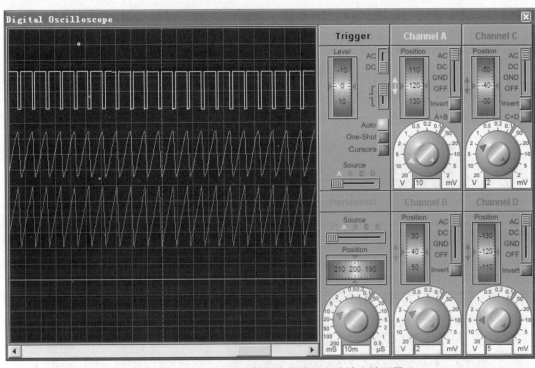

图4-57 ICL8038函数发生器应用电路输出波形图2

（2）ICL8038函数发生器的应用：采用第二种基本接法

【例4-16】 如图4-58所示是按第二种基本接法接成的ICL8038函数发生器应用电路，其特点是电阻RA和RB不可独立调整。图中ICL8038采用双电源供电，供电电压为±12V，$RA = RB = 10\text{k}\Omega$为固定电阻，$RW = 5\text{k}\Omega$为可变电阻。虚拟示波器的A、B、C三个通道分别测量ICL8038输出的方波、正弦波和三角波。

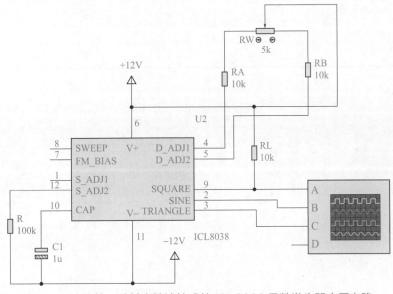

图4-58 按第二种基本接法接成的ICL8038函数发生器应用电路

先把电位器 RW 调到中间位置，用 Proteus 交互仿真功能，可以绘出电路的输出波形，如图 4-59 所示。这时，虚拟示波器的 A、B、C 三个通道显示的波形依次为方波、正弦波和三角波。

随着电位器向右侧调节，可以看到三种波形都将变化，它们的占空比在变大。如果仍从电位器 RW 的中间位置开始向左调节，可看到和上述相反的变化：三种波形都将向占空比小的方向变化。如果把电位器 RW 调到最左侧位置，三种输出的波形将同时消失。

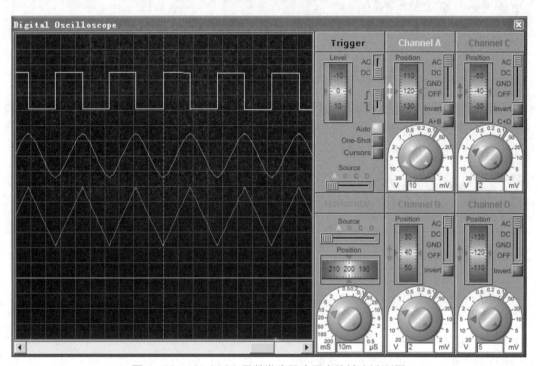

图 4-59 ICL8038 函数发生器应用电路输出波形图

第5章 由555定时器构成的双稳、单稳、无稳电路

本章介绍由 555 定时器构成的双稳、单稳、无稳电路。

① 由 555 定时器构成的单稳态触发器电路。
② 由 555 定时器构成的施密特触发器性能测试电路。
③ 由 555 定时器构成的施密特触发器电路。
④ 由 555 定时器构成的基本多谐振荡器电路。
⑤ 由 555 定时器构成的占空比可调的多谐振荡器电路。
⑥ 由 555 定时器构成的占空比和频率都可调的多谐振荡器电路。
⑦ 由 555 定时器构成的双稳态触发电路。
⑧ 由 555 定时器构成的长时间定时电路。
⑨ 由 555 定时器构成的双色闪光灯电路。
⑩ 由 555 定时器构成的占空比是 50% 的方波发生器电路。
⑪ 由 555 定时器构成的单键开关控制灯电路。
⑫ 由 555 定时器构成的通路检测器电路。
⑬ 由 555 定时器构成的电子交互闪光灯电路。
⑭ 由 555 定时器构成的 9 只 LED 顺序循环显示灯电路。
⑮ 由 555 定时器构成的 9 只 LED 猜谜循环灯电路。
⑯ 由 555 定时器构成的红黄爆闪灯电路。

· 5.1 ·

认识 555 定时器

  555 定时器（Timer）是一种模拟和数字功能相结合的中规模集成电路器件，利用它，只需外接少量的阻容元件就可以构成施密特触发器、单稳态触发器和多谐振荡器。故广泛应用于波形的产生与变换、测量与控制等许多方面。555 定时器是由 Signetics 公司于 1972 年推出的，此后，国际上众多的电子公司都生产出各自的 555 定时器。目前生产的定时器有双极型和 CMOS 两种类型，在繁多的 555 定时器产品型号中，所有双极性产品型号最后的 3 位数都是 555，所有 CMOS 产品型号最后的 4 位数都是 7555，它们的功能和外部引脚的排列完全相同。555 和 7555 是单定时器，556 和 7556 是双定时器。

  通常，双极型定时器具有较大的驱动能力，而 CMOS 定时器具有低功耗、输入阻抗高等优点。555 定时器工作的电源电压很宽，并可承受较大的负载电流。双极型定时器电源电压范围为 5 ～ 16V，最大负载电流可达 200mA；CMOS 定时器电源电压范围为 3 ～ 18V，负载电流在 4mA 以下。

· 5.2 ·

555 定时器电路的工作原理

  这里我们以双极型定时器 NE555 芯片为例来说明 555 定时器的用法。NE555 芯片的引脚排列如图 5-1（b）所示。图中 1 脚 GND 是地，8 脚 VCC 是电源，2 脚 $\overline{T_L}$ 是低触发端，3 脚是输出 OUT，4 脚 $\overline{R_D}$ 是复位端，5 脚 V_C 是控制端，6 脚 T_H 是高触发端，7 脚 C_t 是放电端。

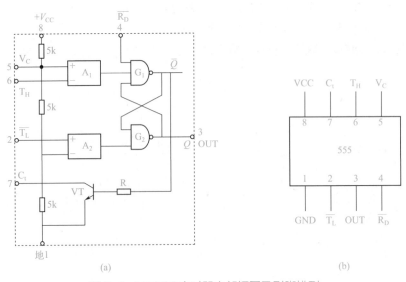

图 5-1　NE555 定时器内部框图及引脚排列

  NE555 定时器的内部电路方框图如图 5-1（a）所示，它含有两个电压比较器、一个基本 RS 触发器、一个放电开关管 VT，比较器的参考电压由三只 5kΩ 的电阻器构成的分压器提供，它们分别使高电平比较器 A_1 的同相输入端和低电平比较器 A_2 的反相输入端的参考电平为 $\frac{2}{3}V_{CC}$ 和 $\frac{1}{3}V_{CC}$。A_1 与 A_2 的输出端控制 RS 触发器状态和放电管开关状态。当输入信号自 6 脚引入即高电平触发输入并超过参考电平 $\frac{2}{3}V_{CC}$ 时，触发器复位，NE555 的输出端 3 脚输出低电平，同时放电开关管导通；当输入信号自 2 脚输入并低于 $\frac{1}{3}V_{CC}$ 时，触发器置位，NE555 的输出端 3 脚输出高电平，同时放电开关管截止。

$\overline{R_D}$ 是复位端（4脚），当 $\overline{R_D}=0$ 时，NE555输出低电平。平时 $\overline{R_D}$ 端开路或接 V_{CC}。

V_C 是控制电压端（5 脚），平时输出作为比较器 A_1 的参考电平，当 5 脚外接一个输入电压时，即改变了比较器的参考电平 $\frac{2}{3}V_{CC}$，从而实现对输出的另一控制，在不接外加电压时，通常接一个 0.01μF 的电容器到地，起滤波作用，以消除外来干扰，确保参考电平的稳定。VT 为放电管，当 VT 导通时，将给接在 7 脚的电容器提供低阻放电通路。用 555 定时器可以很方便地构成单稳态触发器、多谐振荡器和施密特触发器。

555 定时器电路的应用

（1）构成单稳态触发器

图 5-2（a）为由 555 定时器和外接定时元件 R、C 构成的单稳态触发器，触发电路由 C_1、R_1、VD 构成，其中 VD 为钳位二极管。稳态时 555 电路输入端处于电源电平，内部放电开关管导通，输出 OUT 端输出低电平；当有一个外部负脉冲触发信号经 C_1 加到 2 脚，并使 2 脚电位瞬时低于 $\frac{1}{3}V_{CC}$，低电平比较器动作，单稳态电路即开始一个暂态过程，电容 C 开始充电，V_C 按指数规律增长。当 V_C 充电到 $\frac{2}{3}V_{CC}$ 时，高电平比较器动作，比较器 A_1 翻转，输出 V_O 从高电平返回低电平，放电开关管 VT 重新导通，电容 C 上的电荷很快经放电开关管放电，暂态结束，恢复稳态，为下一个触发脉冲的到来做好准备。波形图如图 5-2（b）所示。

暂稳态的持续时间 T_W（即为延时时间）取决于外接元件 R、C 的大小。$T_W=1.1RC$。通过改变 R、C 的大小，可使延时时间在几微秒到几十分钟之间变化。

（2）构成多谐振荡器

图 5-3（a）为由 555 定时器和外接元件 R_1、R_2、C 构成的多谐振荡器，2 脚和 6 脚直接相连。电路没有稳态，仅存在两个暂稳态，电路也不需要外加触发信号，利用电源通过 R_1、R_2 向 C 充电，以及 C 通过 R_2 向放电端 C_t 放电，使电路产生振荡。电容 C 在 $\frac{1}{3}V_{CC}$ 和 $\frac{2}{3}V_{CC}$ 之间充电和放电，其波形如图 5-3（b）所示。输出信号的时间参数是 $T=T_{w1}+T_{w2}$，$T_{w1}=0.7（R_1+R_2）C$，$T_{w2}=0.7R_2C$。

555 电路要求 R_1 与 R_2 均应大于或等于 1kΩ，但 R_1+R_2 应小于或等于 3.3MΩ。

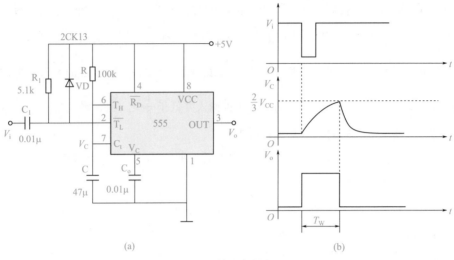

图 5-2　单稳态触发器

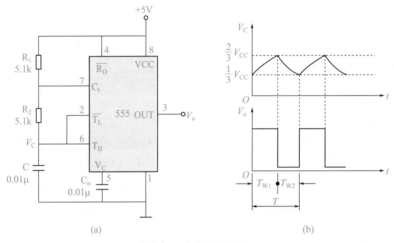

图 5-3　多谐振荡器

（3）构成占空比可调的多谐振荡器

占空比可调的多谐振荡器电路如图 5-4 所示，它比图 5-3 的电路只增加一个电位器和两只导引二极管。VD_1、VD_2 用来决定电容充、放电电流流经电阻的途径（充电时 VD_1 导通、VD_2 截止，放电时 VD_2 导通、VD_1 截止）。

$$占空比\ P = \frac{T_{W1}}{T_{W1}+T_{W2}} \approx \frac{0.7 R_A C}{0.7 C (R_A + R_B)} = \frac{R_A}{R_A + R_B}$$

可见，若取 $R_A = R_B$，电路即可输出占空比为 50% 的方波信号。

（4）组成输出波形占空比和振荡频率均可调的多谐振荡器

占空比和振荡频率均可调的多谐振荡器电路如图 5-5 所示。对 C_1 充电时，充电电流通过 R_1、VD_1、R_{W2}、R_{W1}；放电时通过 R_{W1}、R_{W2}、VD_2、R_2。当 $R_1=R_2$ 时，把 R_{W2} 调至中心点，因充放电时间基本相等，其占空比约为 50%，此时调节 R_{W1} 仅改变频率，占空比不变。如 R_{W2} 调至偏离中心点，再调节 R_{W1}，不仅振荡频率改变，而且对占空比也有影响。R_{W1} 不变，调节 R_{W2} 仅改变占空比，对频率无影响。因此，当接通电源后，应首先调节 R_{W1} 使频率至规定值，再调

节 R_{W2}，以获得需要的占空比。

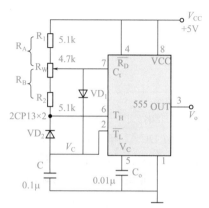

图 5-4 占空比可调的多谐振荡器

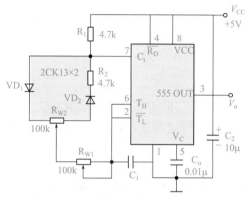

图 5-5 占空比和振荡频率均可调的多谐振荡器

（5）构成施密特触发器

用 555 定时器构成的施密特触发器电路如图 5-6 所示，只要将 2、6 脚连在一起作为信号输入端，即得到施密特触发器。图 5-7 是施密特触发器 V_S、V_i、V_o 的波形图。

用 555 定时器构成的施密特触发器主要静态参数如下：

❶ 上限阈值电压：在 V_i 上升过程中，输出电压 V_o 由高电平跳变到低电平时，所对应的输入电压值，称为上限阈值电压（V_{T+}）。$V_{T+}=\frac{2}{3}V_{CC}$。

❷ 下限阈值电压：在 V_i 下降过程中，输出电压 V_o 由低电平跳变到高电平时，所对应的输入电压值，称为下限阈值电压（V_{T-}）。$V_{T-}=\frac{1}{3}V_{CC}$。

❸ 回差电压：回差电压（ΔV_T）又叫滞回电压，定义为 $\Delta V_T=V_{T+}-V_{T-}=\frac{1}{3}V_{CC}$。

设被整形变换的电压信号为正弦波 V_S，其正半波通过二极管 VD 同时加到 555 定时器的 2 脚和 6 脚，使得 V_i 为半波整流波形。当 V_i 上升到 $\frac{2}{3}V_{CC}$ 时，V_o 从高电平翻转为低电平；当 V_i 下降为 $\frac{1}{3}V_{CC}$ 时，V_o 又从低电平翻转为高电平。电压的传输特性曲线如图 5-8 所示。其中，回差电压 $\Delta V_T=\frac{2}{3}V_{CC}-\frac{1}{3}V_{CC}=\frac{1}{3}V_{CC}$。

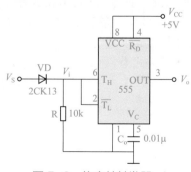

图 5-6 施密特触发器

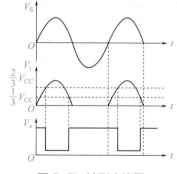

图 5-7 波形变换图

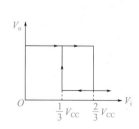

图 5-8 电压传输特性

· 5.4 ·

用 Proteus 软件仿真

5.4.1　由 555 定时器构成的单稳态触发器电路

【例5-1】　用 555 定时器构成的单稳态触发器电路如图 5-9 所示。图中 NE555 的 DC（7 脚）和 VCC（8 脚）之间接入电阻 R4；R（4 脚）和 VCC（8 脚）相连；DC（7 脚）和 TH（6 脚）相连；TH（6 脚）通过电容 C1 接地；CV（5 脚）通过电容 C2 接地；GND（1 脚）接地；VCC（8 脚）接 +5V；TR（2 脚）和信号发生器相连，同时与虚拟示波器的 B 通道相连；Q（3 脚）接虚拟示波器的 A 通道。图中 $R4=5.1\text{k}\Omega$，$C1=1\mu\text{F}$，$C2=0.1\mu\text{F}$。

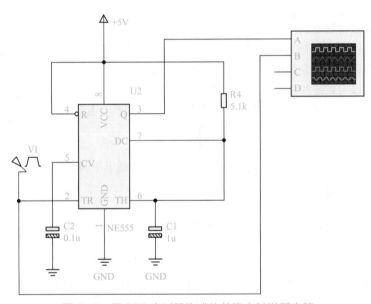

图 5-9　用 555 定时器构成的单稳态触发器电路

在图 5-9 中，从 VI 处加入一个频率 100Hz、幅度 3V 的矩形波信号，单击 Proteus 图屏幕左下角的运行键，系统开始运行，出现如图 5-10 所示的用 NE555 构成单稳态触发器电路输入输出波形图。从图可见，此时，虚拟示波器上 B 通道显示输入的矩形波信号，A 通道显示输出的矩形波；这表明，由信号发生器输出的矩形波送入用 NE555 构成的单稳态触发器后，可以输出不高于该矩形波频率的矩形波。本例中，矩形波的周期大约为 10ms。

用 NE555 构成的单稳态触发器电路的近似估算输出脉冲宽度的公式为

$$T_{\text{W}}=1.1RC$$

将 $R4=5.1\text{k}\Omega$，$C1=1\mu\text{F}$ 代入上式，得

$$T_{\text{W}}=1.1\times5.1\times10^{3}\times10^{-6}\approx6(\text{ms})$$

可见，理论计算的输出脉冲宽度和仿真测试的输出脉冲宽度之间有不小误差。

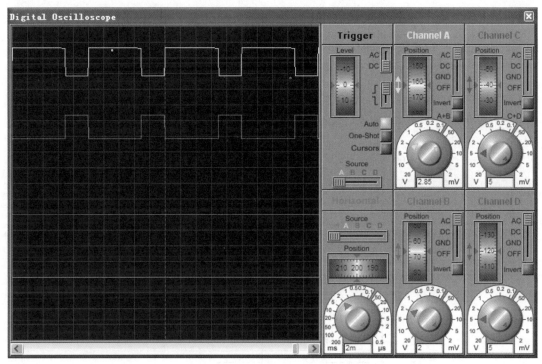

图 5-10　用 555 定时器构成的单稳态触发器电路输入输出波形

5.4.2　由 555 定时器构成的施密特触发器性能测试电路

【**例 5-2**】　用 555 定时器构成的施密特触发器性能测试电路如图 5-11 所示。图中 NE555 的 DC（7 脚）和 VCC（8 脚）之间接入电阻 R1；R（4 脚）和 VCC（8 脚）相连；TR（2 脚）和 TH（6 脚）相连；GND（1 脚）接地；VCC（8 脚）接 +5V；TR（2 脚）和直流电压输入端 VI 相连，同时与虚拟直流电压表相连；Q（3 脚）接虚拟电压表。图中 $R1=4.3k\Omega$。

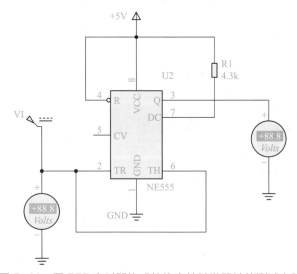

图 5-11　用 555 定时器构成的施密特触发器性能测试电路

在图 5-11 中，从 VI 处加入一个小的直流电压，比如 0.5V，单击 Proteus 图屏幕左下角的运行键，系统开始运行。Q（3 脚）接的电压表显示"+5.00"，逐渐增加 VI 处的输入电压值，但电压表仍显示"+5.00"。再增大输入电压值，当输入值增大到 +3V 时，输出的电压表将显示"0.00"，如图 5-12 所示。

再逐渐减小 VI 处的输入电压值，但电压表仍显示"0.00"。再减小输入电压值，当输入值减小到"+1.5V"时，输出的电压表将显示"+5.00"，如图 5-13 所示。

我们知道，用 555 定时器构成的施密特触发器的上限阈值电压 $V_{T+}=\frac{2}{3}V_{CC}$=3.33V，下限阈值电压 $V_{T-}=\frac{1}{3}V_{CC}$=1.66V。可见，555 定时器构成的施密特触发器的上限阈值电压及下限阈值电压的实测结果和理论值相比，差别不太大。

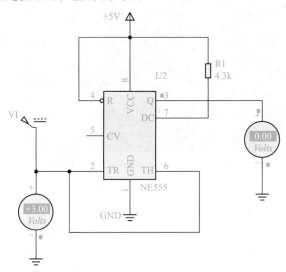

图 5-12　用 555 定时器构成的施密特触发器性能测试电路输入输出图 1

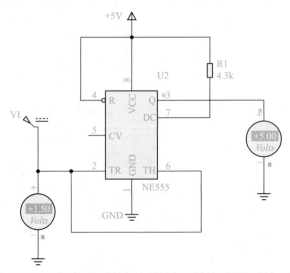

图 5-13　用 555 定时器构成的施密特触发器性能测试电路输入输出图 2

5.4.3　由 555 定时器构成的施密特触发器电路

【例 5-3】 用 555 定时器构成的施密特触发器电路如图 5-14 所示。图中 NE555 的 DC（7 脚）

和 VCC（8 脚）之间接入电阻 R4；R（4 脚）和 VCC（8 脚）相连；TR（2 脚）和 TH（6 脚）相连；GND（1 脚）接地；VCC（8 脚）接 +5V；TR（2 脚）和锯齿波信号发生器相连，同时与虚拟示波器的 B 通道相连；Q（3 脚）接虚拟示波器的 A 通道。图中 $R4=4.3k\Omega$。

在图 5-14 中，从 VI 处加入一个频率 1Hz、幅度 4V 的锯齿波信号，单击 Proteus 图屏幕左下角的运行键，系统开始运行，出现如图 5-15 所示的用 NE555 构成施密特触发器电路输入输出波形图。从图可见，此时，虚拟示波器上 B 通道显示输入的锯齿波信号，A 通道显示输出的矩形波；这表明，由信号发生器输出的锯齿波送入用 NE555 构成的施密特触发器后，可以输出与该锯齿波频率相同的矩形波。

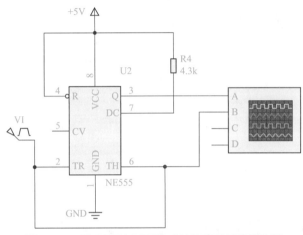

图 5-14 用 555 定时器构成的施密特触发器电路

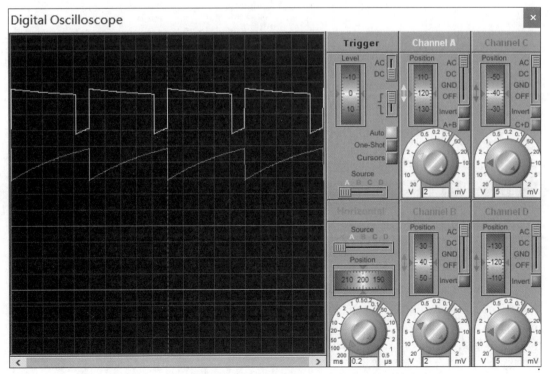

图 5-15 用 555 定时器构成的施密特触发器电路输入输出波形

5.4.4 由 555 定时器构成的基本多谐振荡器电路

【例 5-4】 用 555 定时器构成的基本多谐振荡器电路如图 5-16 所示。图中 NE555 的 CV（5 脚）和 TR（2 脚）分别通过电容 C2、C1 接地，DC（7 脚）和 TH（6 脚）之间接入电阻 R1，DC（7 脚）和 VCC（8 脚）之间接入电阻 R4，R（4 脚）和 VCC（8 脚）相连，TR（2 脚）和 TH（6 脚）相连，GND（1 脚）接地，VCC（8 脚）接 +5V，Q（3 脚）接虚拟示波器的 A 通道。图中 $R1=47k\Omega$，$R4=51k\Omega$，$C1=C2=910nF$。

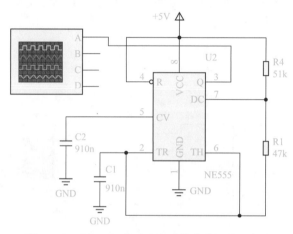

图 5-16　用 555 定时器构成的多谐振荡器电路

在图 5-16 中，单击 Proteus 图屏幕左下角的运行键，系统开始运行，出现如图 5-17 所示的用 NE555 构成的多谐振荡器电路输出波形图。从图可见，此时，虚拟示波器的 A 通道输出一个矩形波。通过调节虚拟示波器的通道 A 增益旋钮使其显示适当电压幅度的波形，调节虚

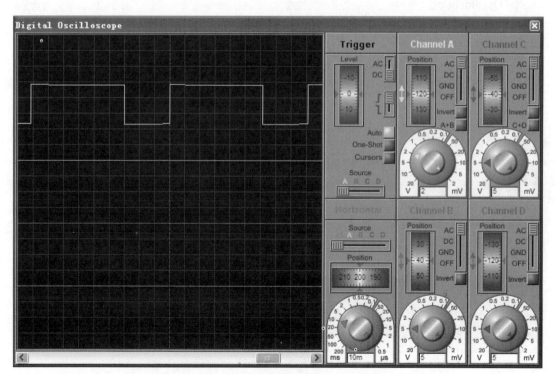

图 5-17　用 555 定时器构成的多谐振荡器电路输出波形图

拟示波器的扫描速度旋钮使其用适当的速度扫描。从图可见，此矩形波的电压幅度约为5V，振荡周期 T 约为91ms。

用 NE555 构成的多谐振荡器电路近似估算振荡周期的公式为

$$T=T_{W1}+T_{W2}$$

$$T_{W1}=0.7(R1+R4)C, \quad T_{W2}=0.7R4C$$

$$T=T_{W1}+T_{W2}=0.7(R1+2R4)C_1$$

将 $R1=47\text{k}\Omega$, $R4=51\text{k}\Omega$, $C1=C2=910\text{nF}$ 代入上式，得

$$T=0.7\times(47\times10^3+2\times51\times10^3)\times910\times10^{-9}=94.913(\text{ms})$$

可见，理论计算的振荡周期和仿真测试的振荡周期值（即虚拟示波器上显示值）是比较接近的。

5.4.5　由555定时器构成的占空比可调的多谐振荡器电路

【例 5-5】　用 555 定时器构成的占空比可调的多谐振荡器电路如图 5-18 所示。图中 NE555 的 TR（2 脚）通过电容 C1 接地，DC（7 脚）和 TH（6 脚）之间接入电阻 R1 和电位器 RV1，DC（7 脚）和 VCC（8 脚）之间接入电阻 R4，DC（7 脚）和 TR（2 脚）之间接入正向二极管 D1，TR（2 脚）和 TH（6 脚）之间接入正向二极管 D2，R（4 脚）和 VCC（8 脚）相连，GND（1 脚）接地，VCC（8 脚）接 +5V，Q（3 脚）接虚拟示波器的 A 通道。图中 $R1=2\text{k}\Omega$，$R4=220\Omega$，$RV1=1\text{k}\Omega$，$C1=1\mu\text{F}$。

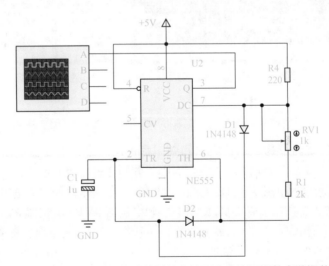

图 5-18　用 555 定时器构成的其输出波形占空比可调的多谐振荡器电路

在图 5-18 中，单击 Proteus 图屏幕左下角的运行键，系统开始运行，出现如图 5-19 所示的用 NE555 构成的多谐振荡器电路输出波形图。从图可见，此时，虚拟示波器的 A 通道输出一个矩形波。矩形波的占空比约为 0.6/9=0.07。通过调节电位器 RV1，可以改变波形占空比。我们现在用占空比的计算公式算一下此波形的占空比，根据公式

$$P=\frac{T_{W1}}{T_{W1}+T_{W2}}\approx\frac{0.7R_AC}{0.7C(R_A+R_B)}=\frac{R_A}{R_A+R_B}$$

将电阻值代入公式，这里 $R_A=R4+0.5RV1=220+500=720\Omega$，$R_B=R1+0.5RV1=2000+500=2500\Omega$，得

$$P=\frac{R_A}{R_A+R_B}=\frac{720}{720+2500}=0.22$$

可见，实测占空比和理论占空比之间还有不小误差。

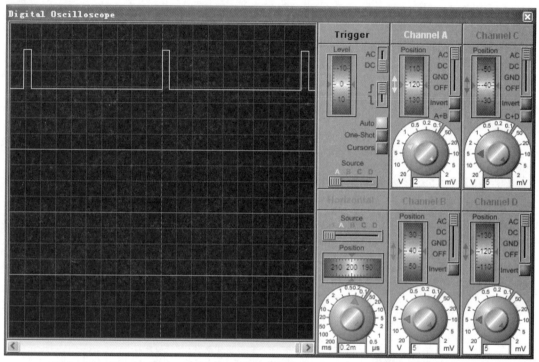

图 5-19　用 555 定时器构成的其输出波形占空比可调的多谐振荡器电路输出波形图

5.4.6　由 555 定时器构成的占空比和频率都可调的多谐振荡器电路

【例 5-6】　用 555 定时器构成的占空比和频率都可调的多谐振荡器电路如图 5-20 所示。图中 NE555 的 TR（2 脚）、R（4 脚）和 CV（5 脚）分别通过电容 C1、C2、C3 接地，DC（7 脚）和 TH（6 脚）之间接入电阻 R1，DC（7 脚）和 VCC（8 脚）之间接入电阻 R4，DC（7 脚）和 TR（2 脚）之间接入正向二极管 D1（1N4148）和电位器 RV1，电位器 RV1 的滑动端和 TH（6 脚）之间接入电位器 RV2，TR（2 脚）和 TH（6 脚）之间接入正向二极管 D2，R（4 脚）和 VCC（8 脚）相连，GND（1 脚）接地，VCC（8 脚）接 +5V，Q（3 脚）接虚拟示波器的 A 通道。图中 $R1=R4=4.7k\Omega$，$RV1=RV2=100k\Omega$，$C1=1\mu F$，$C2=10\mu F$，$C3=0.01\mu F$。

在图 5-20 中，单击 Proteus 图屏幕左下角的运行键，系统开始运行，出现如图 5-21 所示的用 NE555 构成的多谐振荡器电路输出波形图。从图可见，此时，虚拟示波器的 A 通道输出一个矩形波。电位器 RV1 是调节矩形波频率用的，电位器 RV2 是调节矩形波占空比用的。一般的调试步骤是：先调节电位器 RV2，把它调到中间位置；再调节电位器 RV1，调到所需的频率；频率调定，再返回调该频率下的占空比。

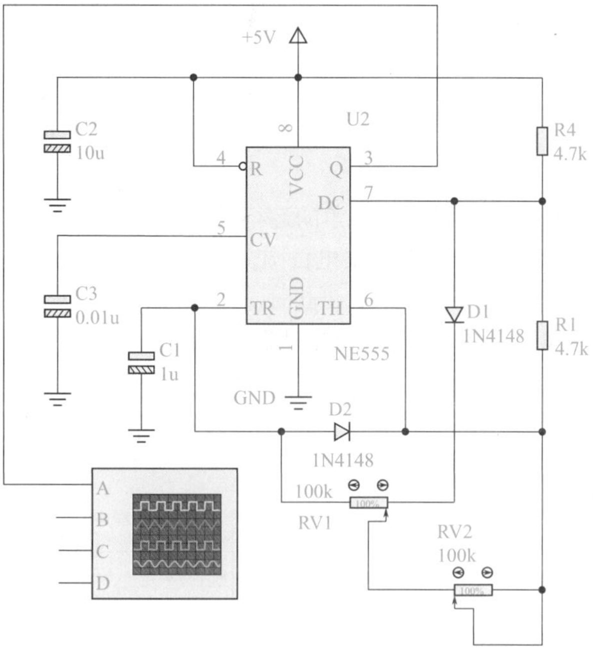

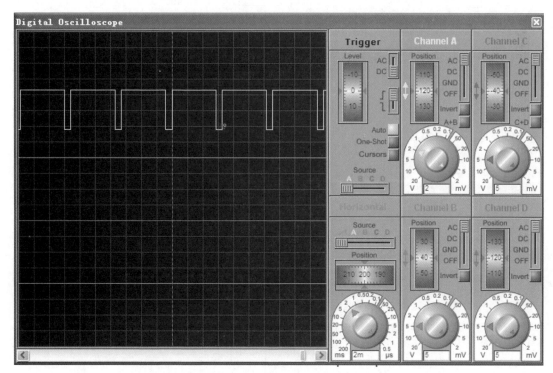

图 5-20　用 555 定时器构成的占空比和频率都可调的多谐振荡器电路

图 5-21　用 555 定时器构成的占空比和频率都可调的多谐振荡器电路输出波形图

5.4.7　由 555 定时器构成的双稳态触发电路

【例 5-7】　用 555 定时器构成的双稳态触发电路如图 5-22 所示。图中 NE555 的 VCC（8 脚）和 R（4 脚）接 +5V；GND（1 脚）接地；GND（1 脚）和 TH（6 脚）之间接入电阻 R2；

R（4 脚）和 TR（2 脚）之间接入电阻 R1；▮°° 和 ◗°° 为"逻辑状态"调试元件，—▮? 为"逻辑探针"调试元件。TH（6 脚）通过电容 C1 接一个"逻辑状态"调试元件，称为 R 端；TR（2 脚）通过电容 C2 接一个"逻辑状态"调试元件，称为 S 端；R 端和 S 端用以输入电平信号。NE555 的 Q（3 脚）接一个"逻辑探针"调试元件，用以测量输出电位。图中 $R1=R2=1k\Omega$，$C1=C2=0.1\mu F$。

在图 5-22 中，单击 Proteus 图屏幕左下角的运行键，系统开始运行，出现如图 5-23 所示的用 555 定时器构成的双稳态触发电路输出电位图。通过给 S 和 R 不同的高低电位，可得出如下结论：当 $S=0$，$R=1$ 时，$Q=0$；当 $S=1$，$R=0$ 时，$Q=1$；当 $S=1$，$R=1$ 时，Q 不变；当 $S=0$，$R=0$ 时，Q 不变。这就是双稳态触发电路的基本特性。

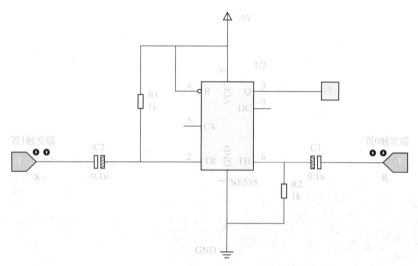

图 5-22 用 555 定时器构成的双稳态触发电路

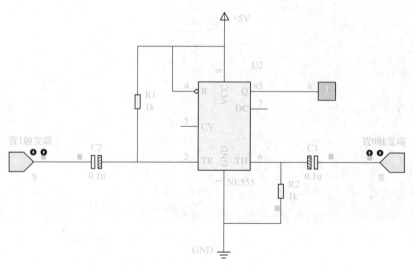

图 5-23 用 555 定时器构成的双稳态触发电路输出电位图

5.4.8 由 555 定时器构成的长时间定时电路

图 5-24 是由 NE555 构成的长时间定时电路 1。由 NE555 构成的长时间定时器需要较大值

的电阻和电容，而充电电流又要非常小，实际上定时时间为秒数量级。这时选用容量大的电解电容，可以拉长定时时间。但由于电解电容漏电流较大，特别是漏电流还随温度升高而增大，当漏电流超过充电电流时，电容就不能被充电，电路也就丧失定时的作用。解决这个问题的办法是在充电电路中，增加晶体管 VT_1。

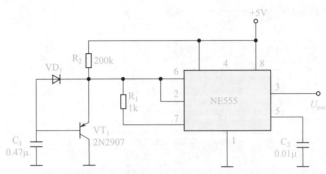

图 5-24 由 NE555 构成的长时间定时电路 1

长时间定时电路工作原理：晶体管构成的电流放大器或电容倍增器，将通常的充电电流放大，其放大倍数等于电流增益。VT_1 的发射极电流为 $10\mu A$，需要的基极电流（对电容的充电电流）仅为 $0.1\mu A$，放大了 100 倍，这就相当于充电电容增大了 100 倍。定时电容可以采用薄膜或陶瓷电容，这种电容的漏电流非常小。根据电路的元件参数，定时时间由没有增设晶体管的 80ms 增长到近 6s，约为 75 倍。

【例 5-8】 由 NE555 构成的长时间定时电路 2 如图 5-25 所示。已知，电源电压为 +5V，电路中 U2 为 NE555，VT1 为 2N2907，VD1 为 1N4148，$R1=1k\Omega$，$R2=200k\Omega$，$C1=0.47\mu F$，$C2=0.01\mu F$。在 NE555 的 3 脚接虚拟示波器观察输出信号。

在图 5-25 中，单击 Proteus 图屏幕左下角的运行键，系统开始运行，出现如图 5-26 所示的由 NE555 构成的长时间定时电路输出波形。从图可见，此时，虚拟示波器的 A 通道输出一个窄脉冲，可以求出两脉冲的间隔为 6s。

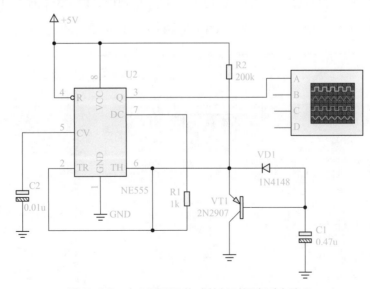

图 5-25 由 NE555 构成的长时间定时电路 2

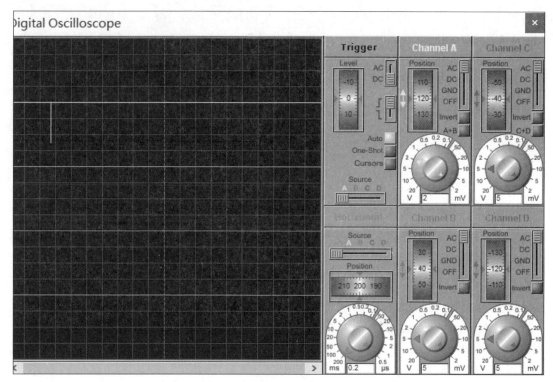

图 5-26 由 NE555 构成的长时间定时电路输出波形图

5.4.9 由 555 定时器构成的双色闪光灯电路

图 5-27 是由 NE555 构成的双色闪光灯电路 1。该电路可以实现红、绿两只发光二极管交替显示。电路刚接通时，由于电容 C1 还来不及充电，因此 NE555 的 2 脚为低电平，输出端 3 脚为高电平，发光二极管 D1 截止，不亮。D2 两端加有正向电压，点亮。随着电源经过 R1、R2 对 C1 充电，C1 两端电压逐渐升高，当达到 +6V 的 $\frac{2}{3}$ 阈值电平时，555 的 3 脚翻转，输出低电平，从而使 D1 点亮，D2 熄灭。此时，C1 通过 R2 和 555 内部的放电管放电，当 C1 放电至

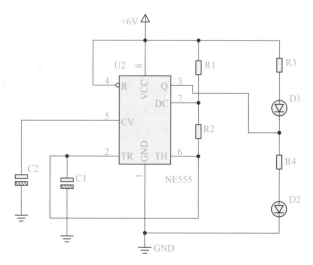

图 5-27 由 NE555 构成的双色闪光灯电路 1

+6V 的 $\frac{1}{3}$ 触发电平时，555 的 3 脚再次翻转，D1 熄灭，D2 重新点亮。因此，红、绿两只发光二极管就这样轮流导通与截止，闪烁不停。

【例 5-9】　由 NE555 构成的双色闪光灯电路 2 如图 5-28 所示。已知，电源电压为 +6V，电路中 U2 为 NE555，$R1=100\text{k}\Omega$，$R2=200\text{k}\Omega$，$R3=1\text{k}\Omega$，$R4=1\text{k}\Omega$，$C1=10\mu\text{F}$，$C2=0.01\mu\text{F}$。D1 是红色发光二极管，D2 是绿色发光二极管。

在图 5-28 中，单击 Proteus 图屏幕左下角的运行键，系统开始运行，出现如图 5-29 所示的由 NE555 构成的双色闪光灯电路运行图。从图可见，红绿两只发光二极管交替闪亮。改变 R1 和 C1 的值，将会改变两只发光二极管交替闪亮的频率。

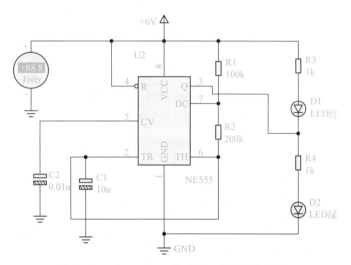

图 5-28　由 NE555 构成的双色闪光灯电路 2

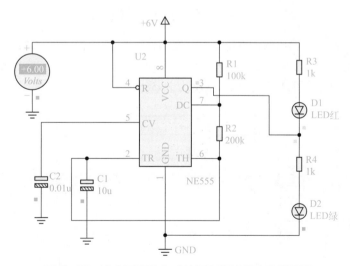

图 5-29　由 NE555 构成的双色闪光灯电路运行图

5.4.10　由 555 定时器构成的占空比是 50% 的方波发生器电路

图 5-30 是由 NE555 构成的占空比是 50% 的方波发生器电路 1。占空比等于 50% 的方波电路，它的电容充电回路的电阻和放电回路的电阻应当完全相等。在该电路中，充电电阻和放电均为可调电阻 RP1，RP1 同时担负着调节振荡频率的作用。

当电容 C1 充电时，电源电压 +6V 通过 R1 使三极管 Q1 的基极得到偏置电压，Q1 饱和导通，电源通过 Q1、RP1 向 C1 充电，此时，二极管 VD1 因处于反向偏置而截止。当电容 C1 充电达到 +6V 的 $\frac{2}{3}$ 时，VD1 进入正向偏置而导通，C1 开始放电，放电回路为 C1—RP1—VD1—NE555 的 7 脚。这样，C1 的充、放电均通过同一个电位器 RP1 做到完全相等。此外，在充电回路中有三极管 Q1 的导通电阻，在放电回路中也有二极管 VD1 的导通电阻，两者阻值基本相等，不会对电容的充放电产生影响。

电路的振荡频率为

$$f = \frac{1}{0.693(2RP1)C1}$$

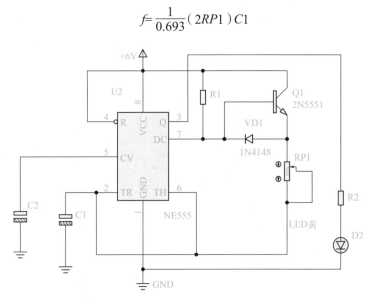

图 5-30　由 NE555 构成的占空比是 50% 的方波发生器电路 1

【例 5-10】　由 NE555 构成的占空比是 50% 的方波发生器电路 2 如图 5-31 所示。已知，电源电压为 +6V，电路中 U2 为 NE555，$R1=10\text{k}\Omega$，$R2=1\text{k}\Omega$，$RP1=10\text{k}\Omega$，$C1=100\mu\text{F}$，$C2=0.01\mu\text{F}$。VD1 是 1N4148，D2 是黄色发光二极管，Q1 为 2N5551。

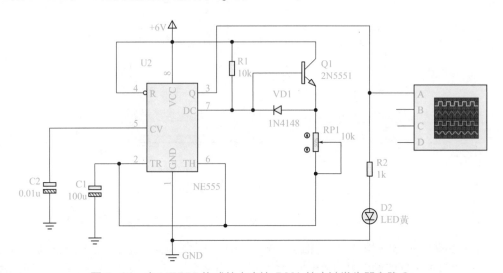

图 5-31　由 NE555 构成的占空比 50% 的方波发生器电路 2

在图 5-31 中，单击 Proteus 图屏幕左下角的运行键，系统开始运行，出现如图 5-32 所示的输出波形图。从图可见，示波器的 A 通道显示占空比 50% 的方波波形。

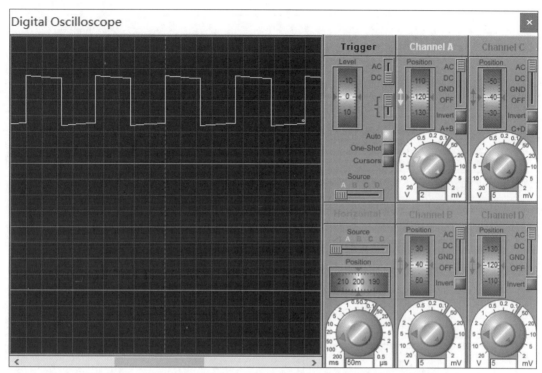

图 5-32　由 NE555 构成的占空比 50% 的方波发生器电路输出波形图

5.4.11　由 555 定时器构成的单键开关控制灯电路

该电路是一个自锁开关电路，每按一次开关 S1，就能使发光二极管点亮或熄灭一次，电路原理图如图 5-33 所示。

电阻 R2、R3 构成分压器，将 NE555 电路的 2 脚和 6 脚偏置在电源电压的一半上，所以 NE555 电路的状态是随机的。假如某时刻 NE555 电路处于置位状态，输出端 3 脚输出高电平，该高电平经 R4 向 C2 充电，使 C2 充满电荷，电压近似于电源电压。此时，NE555 内部的放电管截止，7 脚被悬空，D1 因无电流通过而处于熄灭状态。按动一下开关 S1，C2 储存的电荷就通过 S1 加到 NE555 阈值端 6 脚，使 6 脚电位高于 $\frac{2}{3}$ 电源电压，故 NE555 电路复位，3 脚输出低电平，内部放电管导通，7 脚经内部放电管接地，为低电平，D1 点亮。3 脚输出低电平时，C2 存储的电荷即通过电阻 R4 向 NE555 的 3 脚泄放。若再按一下开关 S1，C2 就通过开关 S1 并联在 NE555 的 2 脚与地之间，由于此时电容 C2 电荷已被泄放，根据电容两端电压不能突变的原理，2 脚电位下降，且小于 $\frac{1}{3}$ 电源电压；因此，NE555 电路又被触发置位，3 脚输出高电平，7 脚被悬空，D1 熄灭，电路恢复到初始状态。

【例 5-11】　由 555 定时器构成的单键开关控制灯电路如图 5-33 所示。已知，电源电压为 +6V，电路中 U2 为 NE555，$R1=1k\Omega$，$R2=R3=47k\Omega$，$R4=1M\Omega$，$C1=0.01\mu F$，$C2=0.1\mu F$。D1 是红色发光二极管，S1 是无锁开关。

在图 5-33 中，单击 Proteus 图屏幕左下角的运行键，系统开始运行，出现如图 5-34 所示的电路运行图。我们发现，每按一次开关 S1，LED 就会熄灭或点亮一次。

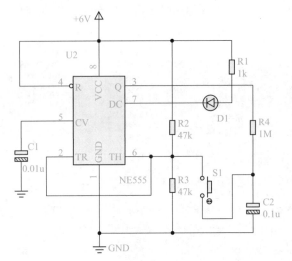

图 5-33　由 555 定时器构成的单键开关控制灯电路

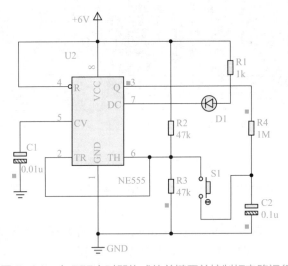

图 5-34　由 555 定时器构成的单键开关控制灯电路运行图

5.4.12　由 555 定时器构成的通路检测器电路

该电路是一个通路检测器的电路，用在电子设备安装调试及检修场合，检测电路的通断状态。电路原理图如图 5-35 所示。NE555 接成滞后比较电路，A、B 是检测探头，在检测之前，A、B 悬空，等效于开路，这时 NE555 电路的 2 脚和 6 脚为高电平，3 脚和 7 脚输出低电平，故 D1 发光，D2 不发光。当 A、B 接入被测电路的两端点，如果 D2 发光表示 A、B 之间为通路，否则 D1 发光。一般被检测电路两点间 ≤ 30Ω 视为通路，> 30Ω 视为阻路。

【例 5-12】 由 555 定时器构成的通路检测器电路如图 5-35 所示。已知，电源电压为 +6V，电路中 U2 为 NE555，$R1=1\text{k}\Omega$，$R2=470\Omega$，$R3=R4=1\text{k}\Omega$，$C2=0.01\mu\text{F}$。D1 是红色发光二极管，D2 是黄色发光二极管，A、B 是测试探头，测量时，要接被测电路的两端点。S1 是无锁开关，接 A、B 两端。S1 按下，表示电路已接通，S1 弹起，表示电路已断开。

在图 5-35 中，单击 Proteus 图屏幕左下角的运行键，系统开始运行，出现如图 5-36 所示的电路运行图。我们发现，起初 D1 发光，D2 不发光；每按一次开关 S1，D2 就点亮。这表示 A、B 间是通路。

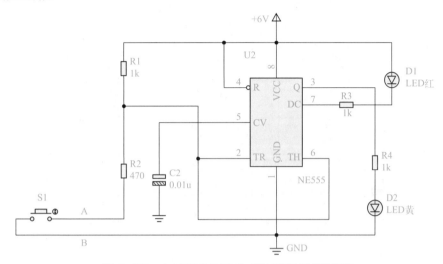

图 5-35 由 555 定时器构成的通路检测器电路

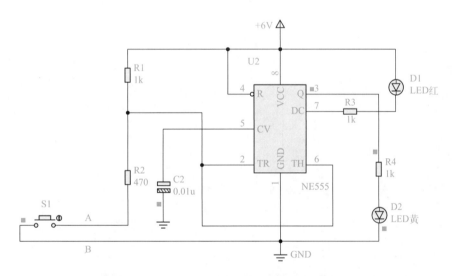

图 5-36 由 555 定时器构成的通路检测器电路运行图

5.4.13 由 555 定时器构成的电子交互闪光灯电路

该电路由 NE555 电路和两只发光二极管等元件构成。电路原理图如图 5-37 所示。NE555 电路及外围元件组成一个方波振荡器。电阻 R1 接在 NE555 输出端 3 脚与 2 脚、6 脚之间。接通电源后，NE555 的 3 脚输出高电平，D2 点亮，并通过 R1 向 C1 充电，当 C1 上的电压达到 4V 时，NE555 输出翻转，3 脚输出变为低电平，D1 点亮，D2 熄灭。C1 又通过 R1 放电，当 C1 上的电压降低至 2V 时，NE555 输出再次翻转，D2 重新点亮，D1 熄灭。之后重复上述过程，D1、D2 轮流点亮和熄灭。

【例 5-13】 由 555 定时器构成的电子交互闪光灯电路如图 5-37 所示。已知，电源电压为 +6V，电路中 U2 为 NE555，$R1=1MΩ$，$R2=R3=1kΩ$，$C1=0.1μF$，$C2=0.01μF$。D1 是红色发光二极管，D2 是黄色发光二极管。

在图 5-37 中，单击 Proteus 图屏幕左下角的运行键，系统开始运行，出现如图 5-38 所示的电路运行图。我们发现，红色发光二极管 D1 和黄色发光二极管 D2 交替点亮，不停地闪烁。

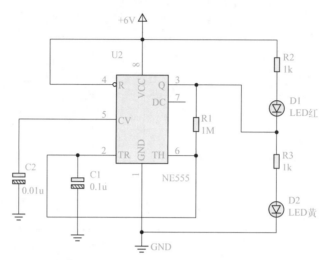

图 5-37　由 555 定时器构成的电子交互闪光灯电路

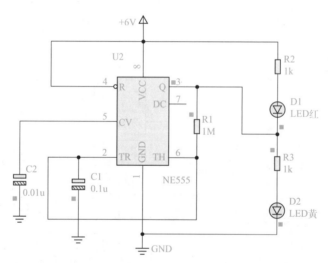

图 5-38　由 555 定时器构成的电子交互闪光灯电路运行图

5.4.14　由 555 定时器构成的 9 只 LED 顺序循环显示灯电路

该电路由 555 定时器（U2）和计数器 CD4017（U1）及若干外围元件构成。它利用十进制计数器 CD4017 的 9 个输出端 Q0～Q8，各连接一只 LED，当 CD4017 输入时钟脉冲后，它所连接的 LED 即按照顺序依次发光。电路原理图如图 5-39 所示。NE555 电路的 R1、R2、RV1、C1 等组成多谐振荡器，并从其 3 脚输出脉冲信号加载在 CD4017 的 14 脚 CLK 端，驱动 CD4017 的 Q0～Q8 依次输出高电平，对应的 D1、D2…D9 依次发光，并不断循环。

【例 5-14】　由 555 定时器构成的 9 只 LED 顺序循环显示灯电路如图 5-39 所示。已知，电源电压为 +6V，电路中 U1 为 CD4017，U2 为 NE555，$R1=R2=2\text{k}\Omega$，$R3=470\Omega$，$C1=1\mu\text{F}$，$C2=0.01\mu\text{F}$，$C3=100\mu\text{F}$。电位器 $RV1=200\text{k}\Omega$，D1、D2…D9 依次是红色、黄色、绿色发光二极管。

在图 5-39 中，单击 Proteus 图屏幕左下角的运行键，系统开始运行，出现如图 5-40 所示的电路运行图。我们发现，从 D1 红色发光二极管开始，依 D1、D2…D9 的顺序，二极管逐个点亮，形成流水灯，然后不断重复这一过程。通过调整电位器 RV1 的阻值大小，可以调节流水灯流动的速度。

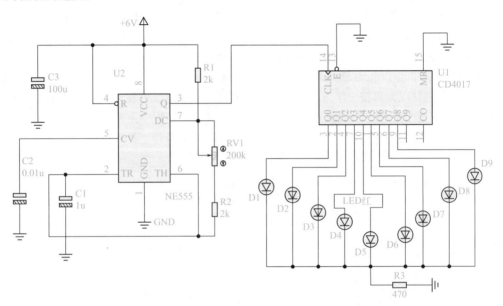

图 5-39　由 555 定时器构成的 9 只 LED 顺序循环显示灯电路

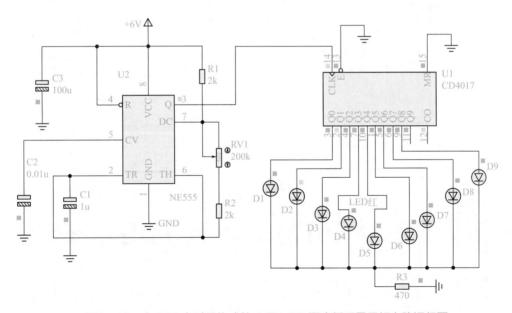

图 5-40　由 555 定时器构成的 9 只 LED 顺序循环显示灯电路运行图

5.4.15　由 555 定时器构成的 9 只 LED 猜谜循环灯电路

该电路与上一例大同小异，也由 555 定时器（U2）和计数器 CD4017（U1）及若干外围元件构成。电路启动后，各 LED 依次快速点亮，然后逐渐减速，最后只有一只 LED 点亮，且位置随机，由此可以用于竞彩、抽奖等场合。电路原理图如图 5-41 所示。

当 S1 按下后，C1 被迅速充满电荷，此时 Q1 迅速导通，NE555 电路及 R2、R3、C2 等组成的多谐振荡器开始工作，并从 3 脚输出脉冲信号，加载在 CD4017 的 14 脚 CLK 端，驱动 CD4017 的 Q0～Q8 依次点亮发光，并不断循环。

【例 5-15】　由 555 定时器构成的 9 只 LED 猜谜循环灯电路如图 5-41 所示。已知，电源电压为 +6V，电路中 U1 为 CD4017，U2 为 NE555，$R1=470k\Omega$，$R2=2k\Omega$，$R3=470k\Omega$，$R4=470\Omega$，$C1=100\mu F$，$C2=47\mu F$，$C3=0.01\mu F$，$C4=100\mu F$。D1、D2…D9 依次是红色、黄色、绿色……发光二极管。Q1 为三极管 2N2222，S1 为无锁开关。

在图 5-41 中，单击 Proteus 图屏幕左下角的运行键，系统开始运行，出现如图 5-42 所示的电路运行图。我们发现，每按一下 S1，9 只发光二极管就从 D1 红色发光二极管开始，依 D1、D2…D9 的顺序，逐个点亮，形成流水灯，然后不断重复这一过程。重复几次后，亮灯便停留在某一只发光二极管上。每次运行末，亮灯停在哪一只发光二极管上是随机的。

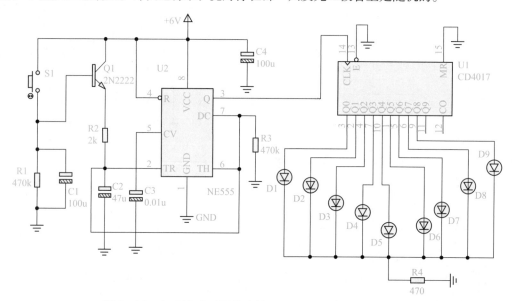

图 5-41　由 555 定时器构成的 9 只 LED 猜谜循环灯电路

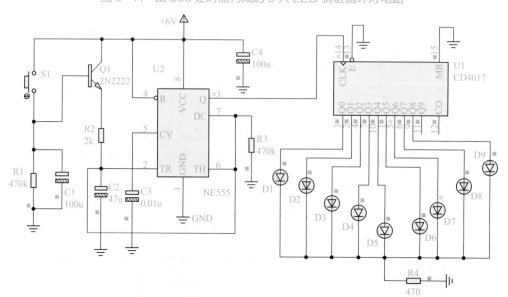

图 5-42　由 555 定时器构成的 9 只 LED 猜谜循环灯电路运行图

5.4.16　由 555 定时器构成的红黄爆闪灯电路

该电路由 555 定时器（U2）和计数器 CD4017（U1）及若干外围元件构成。通过 CD4017 驱动输出两组不同颜色的发光二极管，实现类似警灯的闪烁效果。电路原理图如图 5-43 所示。

NE555 电路及 R1、RV1、C1 等组成多谐振荡器，并通过 3 脚输出脉冲信号，加载在 CD4017 的 14 脚 CLK 端。CD4017 的 Q1、Q3、Q6、Q8 输出端，经过 D1 ～ D4 二极管隔离后，再分别通过三极管 Q1、Q2 驱动两组 LED，将出现：D5、D6、D7 三只红色发光二极管连闪两次，停顿一下，接着 D8、D9、D10 三只黄色发光二极管闪烁两次，再停顿一下，并以此循环不已。

【例 5-16】　由 555 定时器构成的红黄爆闪灯电路如图 5-43 所示。已知，电源电压为 +6V，电路中 U1 为 CD4017，U2 为 NE555，$R1=2k\Omega$，$R3=R5=10k\Omega$，$R4=470\Omega$，$C1=1\mu F$，$C2=0.01\mu F$。电位器 $RV1=200k\Omega$，Q1、Q2 均为三极管 2N2222，D5、D6、D7 是红色发光二极管，D8、D9、D10 是黄色发光二极管。

在图 5-43 中，单击 Proteus 图屏幕左下角的运行键，系统开始运行，出现如图 5-44 所示的电路运行图。我们发现，先是 D5、D6、D7 三只红色发光二极管连闪两次，停顿一下，接着 D8、D9、D10 三只黄色发光二极管闪烁两次，再停顿一下，并以此循环不已，呈现爆闪效果。

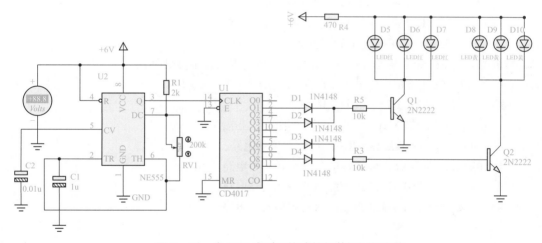

图 5-43　由 555 定时器构成的红黄爆闪灯电路

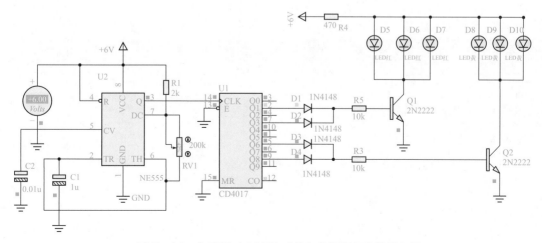

图 5-44　由 555 定时器构成的红黄爆闪灯电路运行图

第6章 由运算放大器构成的双稳、单稳、无稳电路

本章主要介绍由运算放大器构成的单稳、双稳和无稳电路。运算放大器除了运算和放大外，还有多种功用。运算放大器可以构成脉冲发生电路、双稳态触发器电路和单稳态触发器电路。

① 由集成运放 LM358 构成的 RC 桥式正弦波振荡电路。

② 由集成运放 LM358 构成的 LC 正弦波振荡电路。

③ 由方波或三角波经低通滤波后形成的正弦波发生电路。

④ 由 LM358 组成的基本矩形波发生器电路。

⑤ 由 LM358 组成的占空比可调的矩形波发生器电路。

⑥ 由 LF351 组成的占空比可调的矩形波发生器电路。

⑦ 由反相积分器和同相输入迟滞比较器构成的方波发生器电路。

⑧ 由 LM358 组成的三角波发生电路。

⑨ 由 LM358 组成的锯齿波发生电路。

⑩ 由通用放大器 LM101A 组成的锯齿波发生器电路。

⑪ 由运算放大器 TLC272 组成的函数发生器电路。

⑫ 由运算放大器 LM324 组成的单稳态触发器电路。

⑬ 由运算放大器 LM324 组成的施密特触发器电路。

⑭ 由运算放大器 LM324 组成的双稳态触发器电路。

通用型集成运算放大器

集成运算放大器是一种具有高电压放大倍数、高输入电阻和低输出电阻的多级直接耦合放大电路。集成运算放大器有复杂的分类，这里我们只使用通用型集成运算放大器。

通用型运算放大器（运算放大器简称运放）是以通用为目的而设计的。这类器件的主要特点是价格低廉、产品量大面广，其性能指标能适合于一般性使用。例如 μA741（单运放）、LM358（双运放）、LM324（四运放）、NE5532（双运放）及以场效应管为输入级的 LF356（单运放）都属于此种。它们是目前应用广泛的集成运算放大器。通用型集成运放性能指标见表 6-1。

表6-1 通用型集成运放性能指标

参数	单位	数值范围
A_{od}	dB	65～100
R_{id}	MΩ	0.5～2
U_{os}	MV	2～5
I_{os}	μA	0.2～2
I_{IB}	μA	0.3～7
K_{CMR}	dB	70～90
f_C	MHz	0.5～2
SR	V/μs	0.5～0.7
P_d	mW	80～120

（1）μA741

μA741 运算放大器，由美国仙童公司（Fairchild）发明，是世界上第一块成熟的集成运算放大器，在 20 世纪 60 年代后期广泛流行；直到今天，μA741 运放仍是电子学科中讲解运算放大器原理的典型器件。μA741，国内型号为 F007，它是一种性能较好、放大倍数较高且具有内部补偿的通用型集成运放。它是一个单运放，即一个芯片内只有一个运算放大器。它由 ±15V 两路电源供电，主要性能有：输入电阻大于 1MΩ，输出电阻约为 60Ω，开环差模电压放大倍数大于 106dB。μA741 创造了一种集成电路经久不衰的奇迹，多年来，一直在生产使用。

（2）LM324

LM324 由 4 个独立的高增益、内部频率补偿运算放大器组成。它可在宽电压范围（3～30V）的单电源下工作，也可以在双电源下工作（±1.5～±15V）；具有电压增益大、有很低的电源电流消耗、输出电压幅度大等特点。

（3）LM358

LM358 是双运算集成放大器，其内部包括 2 个互相独立的、高增益、内部频率补偿运放模块，适用于电压范围很宽的单电源工作方式（3～30V）和双电源工作方式（±1.5～±15V）。

（4）NE5532

NE5532 是一种双运放、高性能、低噪声运算放大器，适用于电压范围很宽的双电源工作方式（±3～±20V）。增益带宽积 GBW 为 10MHz，转换速率典型值为 9V/μs，等效输入噪声为 5nV/√Hz（在测试频率为 1kHz 的条件下）。

（5）LF356

LF356 的输入极采用场效应晶体管（FET），是一种高输入阻抗单运算放大器。双电源工作方式（±5 ～ ±18V），增益带宽积 GBW 为 5MHz，转换速率典型值为 12V/μs。

上述 5 个集成运放均属通用型集成运放，本章中大部分集成运放应用实例都使用这些芯片。

· 6.2 ·
RC 正弦波振荡电路

实用的 RC 正弦波振荡电路有多种，典型的是 RC 桥式正弦波振荡电路，其电路结构与电桥相似，由德国物理学家 Max Wien 设计，因此又称为文氏桥振荡电路。RC 桥式正弦波振荡电路结构简单，启振容易，频率调节方便，适用于低频振荡场合，振荡频率一般为 10 ～ 100kHz。

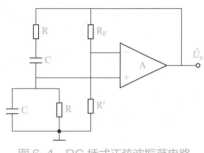

图 6-1　RC 桥式正弦波振荡电路

RC 桥式正弦波振荡电路如图 6-1 所示。其中集成运算放大器 A 作为放大电路，RC 串并联网络是选频网络。R_F 和 R' 支路引入一个负反馈。由图可见，RC 串联网络中的串联支路和并联支路，以及负反馈支路中的 R_F 和 R'，正好组成一个电桥的 4 个臂，这种电路又称为文氏桥振荡电路。

RC 桥式正弦波振荡电路的振荡频率为

$$f_0 = \frac{1}{2\pi RC} \tag{6-1}$$

振荡电路的启振条件为

$$R_F > 2R' \tag{6-2}$$

由于 RC 桥式正弦波振荡电路的振荡频率与 R、C 的乘积成反比，如果要产生振荡频率更高的正弦波信号，势必要求电阻和 / 或电容的值更小，这在电路的实现上将产生较大的困难。因此，RC 振荡器常用于产生数赫兹到数百千赫兹的低频信号。若要产生更高频率的信号，应考虑采用 LC 正弦波振荡电路。

【例 6-1】　由集成运放 LM358 构成的 RC 桥式正弦波振荡电路如图 6-2 所示，图中 R1、R2、C1、C2 组成 RC 串并联网络，$R1=R2=20\text{k}\Omega$；$C1=C2=0.015\mu\text{F}$。由 R' 和 RF 组成负反馈电路。RF 回路串联的两只并联二极管 VD1 和 VD2，作用是使输出电压稳定。在 OUTPUT 点用虚拟示波器观察输出电压波形。

用 Proteus 交互仿真功能，可以绘出电路的输出波形，如图 6-3 所示。图中呈现的是一种略有失真的正弦波。正弦波的幅度高于 20V，正弦波的周期约为 2ms，换算成频率约为 500Hz。

现在，我们看一下理论计算的 RC 桥式正弦波振荡电路的频率是多少。

根据公式（6-1），知

$$f_0 = \frac{1}{2\pi \times 20\text{k}\Omega \times 0.015\mu\text{F}} \approx 531\text{Hz}$$

与前面的实测结果比较，可见理论计算的 RC 桥式正弦波振荡电路的频率与实测值相差不是太大。

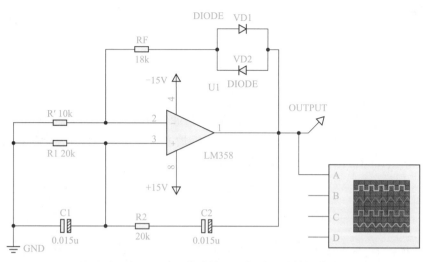

图 6-2　由 LM358 构成的 RC 桥式正弦波振荡电路

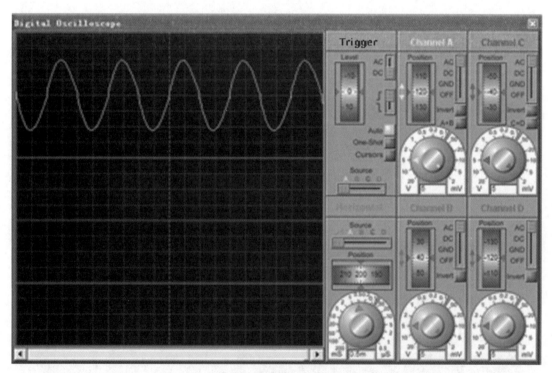

图 6-3　RC 桥式正弦波振荡电路的输出波形

· 6.3 ·

LC 正弦波振荡电路

　　LC 正弦波振荡电路主要用来产生 1MHz 以上的高频振荡信号。常用的 LC 正弦波振荡电路有变压器反馈式 LC 正弦波振荡电路、电感三点式 LC 正弦波振荡电路和电容三点式 LC 正弦波振荡电路 3 种。它们的共同特点是用 LC 谐振回路作为选频网络，而且通常采用 LC 并联谐振回路。

LC 正弦波振荡电路与 RC 桥式正弦波振荡电路的组成原则是相似的，只是选频网络采用的是 LC 电路。

LC 正弦波振荡电路的振荡频率为

$$f_0 = \frac{1}{2\pi\sqrt{LC}} \tag{6-3}$$

【例 6-2】 由集成运放 LM358 构成的 LC 正弦波振荡电路如图 6-4 所示。图中 L1、C1 为选频网络，电位器 R3 的上面部分构成正反馈通道。$R1=5\text{k}\Omega$，$R2=100\text{k}\Omega$，$R3=10\text{k}\Omega$，$C1=0.01\mu\text{F}$，$L1=10\text{mH}$。从 OUTPUT 处看输出波形。

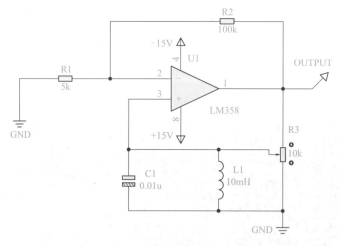

图 6-4   由集成运放 LM358 构成的 LC 正弦波振荡电路

用 Proteus 交互仿真功能，可以绘出电路的输出波形，如图 6-5 所示。图中呈现的是一种接近三角波的波形。波形的幅度高于 20V，波形的周期约为 100μs，换算成频率约为 10kHz。

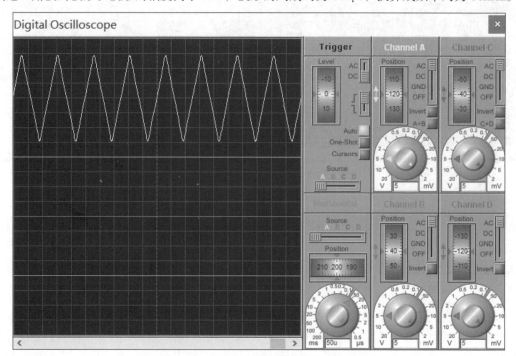

图 6-5   LC 正弦波振荡电路输出波形

现在，我们看一下理论计算的 LC 正弦波振荡电路的振荡频率是多少。

根据 LC 正弦波振荡电路的振荡频率公式（6-3），知

$$f_0 = \frac{1}{2\pi \times \sqrt{10 \times 10^{-3} \times 0.01 \times 10^{-6}}} \approx 15.9\,(\text{kHz})$$

与前面的实测结果比较，可见理论计算的 LC 正弦波振荡电路的振荡频率与实测值相差不小。

· 6.4 ·

由方波或三角波经低通滤波后形成的正弦波发生器

前面介绍的是由 RC 振荡电路和 LC 振荡电路直接生成的正弦波，现在介绍另一种正弦波信号发生器——由方波或三角波经低通滤波后形成正弦波。这种由低通滤波产生的正弦波信号发生器电路如图 6-6 所示，它由方波发生器、三角波发生器和低通滤波器组成，三个放大器均采用集成运放 μA741，电源电压为 ±15V。正弦波的频率由下式确定：$f = \dfrac{1}{4RC} \times \dfrac{R_2}{R_1}$。$R_2$ 电位器作用是调节输出正弦波的频率。

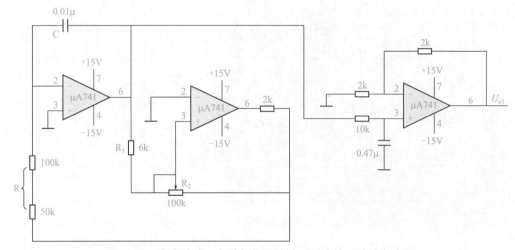

图 6-6 由方波或三角波经低通滤波后形成的正弦波发生器

【例 6-3】 由方波或三角波经低通滤波后形成的正弦波发生器电路图如图 6-7 所示，三个放大器 A1、A2 和 A3 均采用集成运放 μA741，电源电压为 ±15V。图中 U0 处输出正弦波，U1 处输出三角波。虚拟示波器 A 通道、B 通道分别置于 U0 和 U1 处。

用 Proteus 交互仿真功能，可以绘出电路的输出波形，如图 6-8 所示。图中 A 通道的黄线是 U0 处所测正弦波，B 通道的蓝线是 U1 处所测三角波。

提示 该正弦波信号发生器电路在 Proteus 8.0 下不易启振，在 Proteus 7.5 下容易启振。

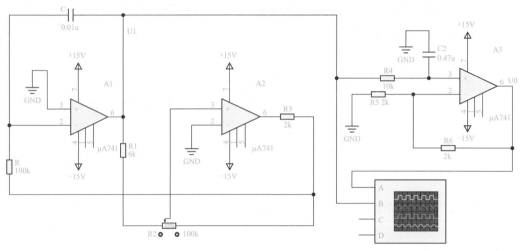

图6-7　正弦波信号发生器电路图

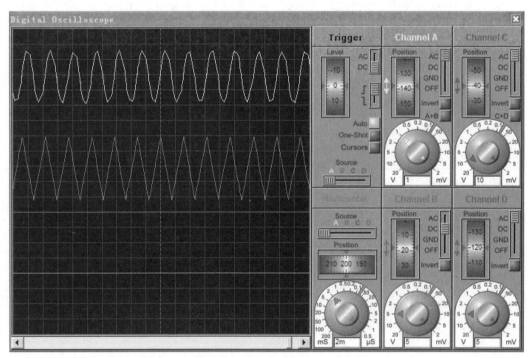

图6-8　正弦波信号发生器电路产生的波形

· 6.5 ·

矩形波发生器电路

（1）基本矩形波发生器电路

如图 6-9 所示是一个矩形波发生器电路。电路实际上由一个滞回比较器和一个 RC 充放电回路组成。其中集成运放 A 和电阻 R_1、R_2 组成滞回比较器，电阻 R 和电容 C 构成充放电回路，稳压管 VD_Z 和电阻 R_3 的作用是钳位，将滞回比较器的输出限制在稳压管的稳定电压值 $\pm U_Z$。

可推导得矩形波发生器的振荡周期为

$$T=2RC\ln\left(1+\frac{2R_1}{R_2}\right)\qquad(6\text{-}4)$$

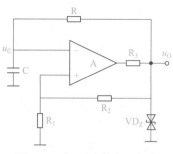

图 6-9　矩形波发生器电路

【例 6-4】　图 6-10 所示是一个由 LM358 组成的基本矩形波发生器电路。图中 $R1=3\text{k}\Omega$，$R2=R=10\text{k}\Omega$，$C1=10\mu\text{F}$。LM358 所加电压为 ±15V，从 OUTPUT 处看输出波形。图中的虚拟示波器和发光二极管都是观察输出波形用的。

用 Proteus 图形仿真功能，可以绘出电路的输出波形，如图 6-11 所示。图中呈现的是一种矩形波信号。波形的幅度不高于 30V，波形的周期约为 93ms，换算成频率约为 11Hz。

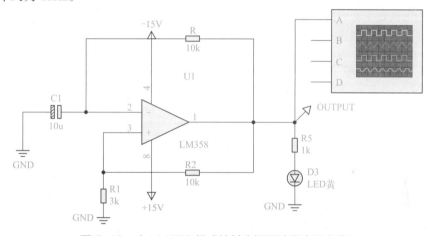

图 6-10　由 LM358 组成的基本矩形波发生器电路

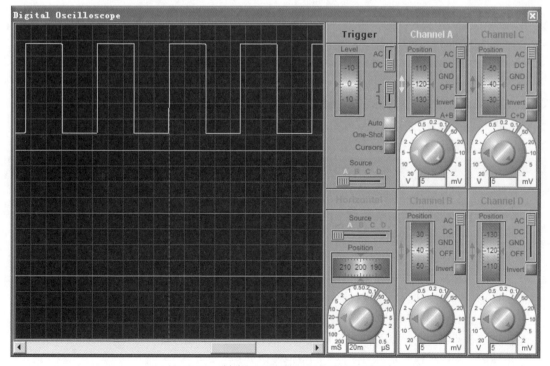

图 6-11　基本矩形波发生器电路输出波形

根据公式（6-4），基本矩形波发生器的振荡周期为

$$T=2RC1\ln\left(1+\frac{2R1}{R2}\right)=2\times10\times10^3\times10\times10^{-6}\ln\left(1+\frac{2\times3\times10^3}{10\times10^3}\right)\approx94\,(\text{ms})$$

与前面的实测结果比较，可见理论计算的矩形波发生器的振荡周期与实测值很接近。

如果不用示波器观察输出波形，凭输出 OUTPUT 处接的发光二极管闪动的快慢也可大致知道输出波形的频率。

（2）占空比可调的矩形波发生器电路

前面介绍的矩形波发生器电路输出的波形高电位和低电位的宽度是相同的，这种高低电位宽度之比称为占空比，矩形波发生器输出的波形占空比是 50%。如果要求矩形波的波形占空比能够人为调节，可以通过改变电路中电容充电和放电的时间常数来实现。图 6-12 是一个占空比可调的矩形波发生器电路。电位器 R_W 和二极管 VD1、VD2 的作用是将电容充电和放电的回路分开，并调节充电和放电两个时间常数的比例。

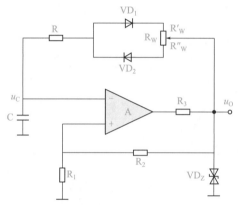

图 6-12　占空比可调的矩形波发生器电路

占空比可调的矩形波发生器的振荡周期为

$$T=\left(2R+R_W\right)C\ln\left(1+\frac{2R_1}{R_2}\right) \tag{6-5}$$

如果把矩形波发生器高电平的宽度用 T_1 表示，低电平的宽度用 T_2 表示，则矩形波的占空比为

$$D=\frac{T_1}{T_2}=\frac{R+R_W''}{2R+R_W} \tag{6-6}$$

改变电路中电位器滑动端的位置即可调节矩形波的占空比，而总的振荡周期不受影响。

【例 6-5】　如图 6-13 所示是一个由 LM358 组成的占空比可调的矩形波发生器电路。图中 $R1=R2=25\text{k}\Omega$，$R=5\text{k}\Omega$，$RV1=100\text{k}\Omega$，$C1=0.1\mu\text{F}$。LM358 所加电压为 ±15V，从 OUTPUT 处看输出波形。图中的虚拟示波器是观察输出波形用的。

把电位器 RV1 调到中间位置，用 Proteus 交互仿真功能，可以绘出电路的输出波形，这时，输出的波形为方波，即占空比是 50% 的波形。随着电位器向上调节，可以看到高电平的宽度逐渐减小，直到把电位器 RV1 调到最上端位置，可看到如图 6-14 所示的输出波形，图中呈现的是占空比很小的矩形波信号。如果把电位器 RV1 调到最下端位置，则可看到如图 6-15 所示的输出波形，图中呈现的是占空比很大的矩形波信号。

根据公式（6-6），可求得把电位器 RV1 调到最上端位置（RV1=0Ω）和最下端位置（RV1=100kΩ）时输出波形的占空比分别为

$$D_{\min} = \frac{T_1}{T_2} = \frac{R + R''_{\mathrm{w}}}{2R + R_{\mathrm{w}}} = \frac{5 + 0}{2 \times 5 + 100} \approx 0.045 = 4.5\%$$

$$D_{\max} = \frac{T_1}{T_2} = \frac{R + R''_{\mathrm{w}}}{2R + R_{\mathrm{w}}} = \frac{5 + 100}{2 \times 5 + 100} \approx 0.95 = 95\%$$

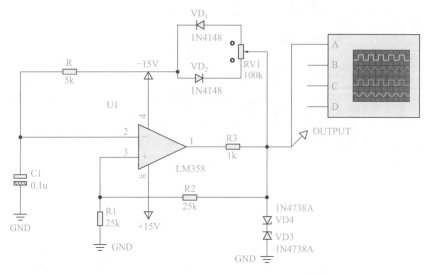

图 6-13　由 LM358 组成的占空比可调的矩形波发生器电路

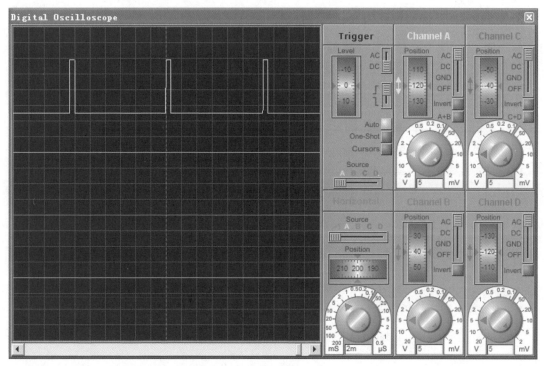

图 6-14　占空比可调的矩形波发生器电路输出波形图 1

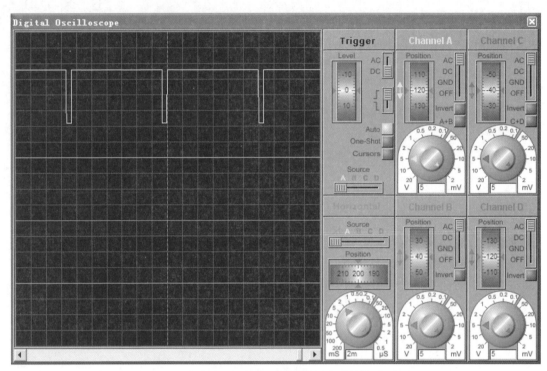

图 6-15   占空比可调的矩形波发生器电路输出波形图 2

【例 6-6】 图 6-16 所示是一个由 LF351 组成的占空比可调的矩形波发生器电路，它是一种 500Hz ~ 5kHz 方波发生器电路。图中 $R2=R3=100\text{k}\Omega$，$R5=10\text{k}\Omega$，R1、R4 和 R6 均为电位器，$R1=47\text{k}\Omega$，$R4=100\text{k}\Omega$，$R6=10\text{k}\Omega$，$C1=10\mu\text{F}$。LF351 所加电压为 ±15V，从 UO 处看输出波形。R1 用于调节输出频率范围；R4 用于调节运放增益，同时调节放大器输出幅度；R6 用于调节输出幅度。图中的虚拟示波器用于观察输出波形。

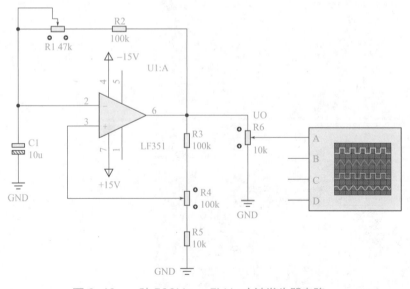

图 6-16   一种 500Hz ~ 5kHz 方波发生器电路

用 Proteus 交互仿真功能，可以绘出电路的输出波形，这时，看到输出的波形为方波，如图 6-17 所示。随着电位器 R4 滑动端的向下调节，可以看到输出波形的频率越来越高，直到把电位器 RV1 调到最下端位置，可看到如图 6-18 所示的输出波形。可见，后者的频率要比前者的高得多。

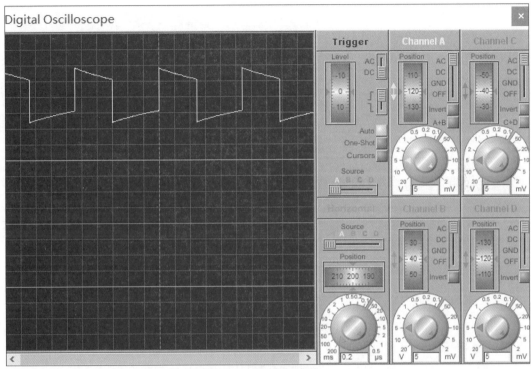

图 6-17　一种 500Hz ～ 5kHz 方波发生器电路仿真效果图 1

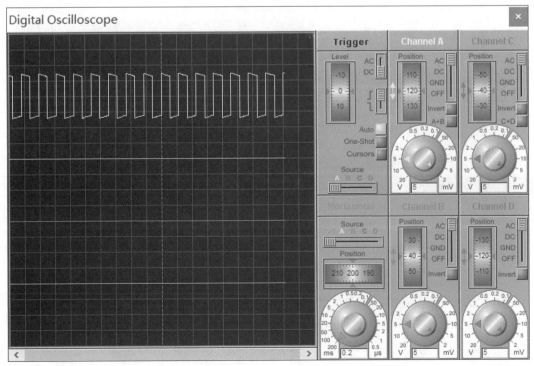

图 6-18　一种 500Hz ～ 5kHz 方波发生器电路仿真效果图 2

由反相积分器和同相输入迟滞比较器构成的方波发生器

【例6-7】 图6-19所示是一个由反相积分器和同相输入迟滞比较器构成的方波发生器电路。图中U1和U1：A均为LM358，V01之前的电路为反相积分器部分，V01之后的电路为同相输入迟滞比较器部分。$R1=R2=R3=R0=10\text{k}\Omega$，$RP1=3\text{k}\Omega$，$C1=1\mu\text{F}$。LM358所加电压为 $\pm15\text{V}$，从V0处看输出波形。图中的虚拟示波器是观察输出波形用的。

用Proteus图形仿真功能，可以绘出电路的输出波形，如图6-20所示。图中呈现的是一种矩形波信号。

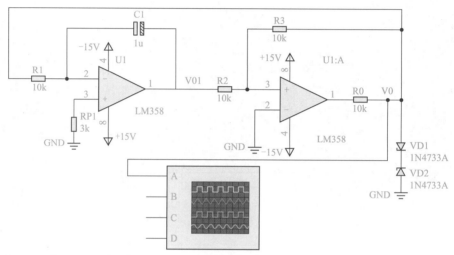

图6-19　由反相积分器和同相输入迟滞比较器构成的方波发生器电路

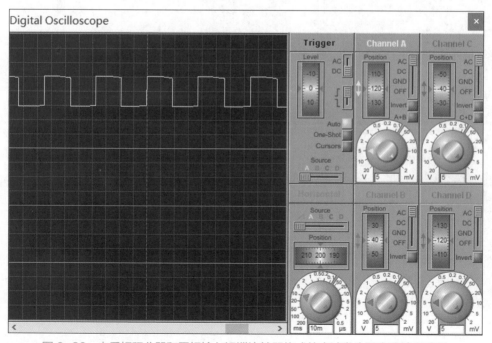

图6-20　由反相积分器和同相输入迟滞比较器构成的方波发生器电路输出波形

三角波发生电路

将滞回比较器和积分电路适当连接起来，即可组成三角波发生电路。

图 6-21 是一个三角波发生电路。其中集成运放 A_1 组成滞回比较器，A_2 组成积分电路。滞回比较器的输出加在积分电路的反相输入端进行积分，而积分电路的输出又接到滞回比较器的同相输入端，控制滞回比较器输出端的状态发生跳变。

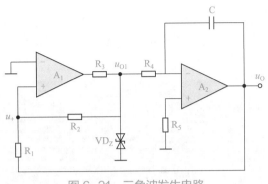

图 6-21　三角波发生电路

三角波的输出幅度由下式给出

$$U_{om} = \frac{R_1}{R_2} U_Z \tag{6-7}$$

三角波的振荡周期为

$$T = \frac{4R_1 R_4 C}{R_2} \tag{6-8}$$

由式（6-7）和式（6-8）可知，三角波的输出幅度与稳压管的 U_Z 以及电阻值之比 R_1/R_2 成正比。三角波的振荡周期则与积分电路的时间常数 $R_4 C$ 以及电阻值之比 R_1/R_2 成正比。

【例 6-8】　如图 6-22 所示是一个由 LM358 组成的三角波发生电路。图中 $R1=R2=R3=R4=R5=10k\Omega$，$C1=1\mu F$。LM358 所加电压为 ±12V，从 OUTPUT 处看输出波形。图中的虚拟示波器是观察输出波形用的。

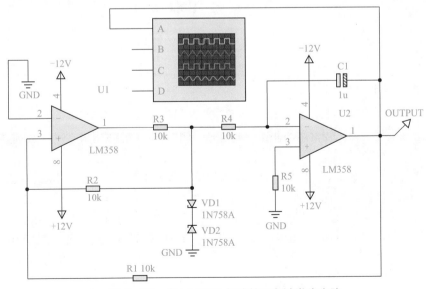

图 6-22　由 LM358 组成的三角波发生电路

用 Proteus 交互仿真功能，可以绘出电路的输出波形，如图 6-23 所示。图中呈现的是三角波信号。三角波波形的幅度约为 8V，波形的周期约为 34ms，换算成频率约为 29Hz。

根据公式（6-8），三角波的振荡周期为

$$T = \frac{4R1R4C1}{R2} = \frac{4 \times 10 \times 10^3 \times 10 \times 10^3 \times 1 \times 10^{-6}}{10 \times 10^3} = 40（ms）$$

与前面的实测结果比较，可见理论计算的三角波的振荡周期与实测值之间存在一定的误差。

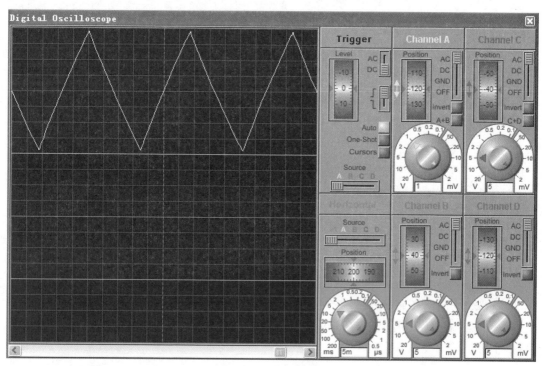

图 6-23 三角波发生电路输出波形图

·6.8·

锯齿波发生电路

锯齿波信号也是一种比较常用的非正弦波信号，例如在示波器扫描电路中，常常需要用到锯齿波信号。

如果在三角波发生电路中，积分电容充电和放电的时间常数不同，而且相差悬殊，则在积分电路的输出端可得到锯齿波信号。

如图 6-24 所示是一个锯齿波发生电路。它是在三角波发生电路的基础上，用二极管 VD_1、VD_2 和电位器 R_W 代替原来的积分电阻，使积分电容的充电和放电回路分开，即成为锯齿波发生电路。

锯齿波的输出幅度由下式给出

$$U_{om} = \frac{R_1}{R_2} U_Z \qquad\qquad（6-9）$$

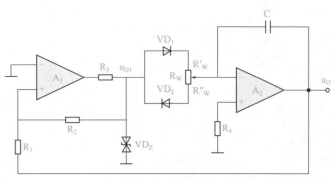

图 6-24 锯齿波发生电路

锯齿波的振荡周期为

$$T = \frac{2R_1 R_W C}{R_2} \qquad (6\text{-}10)$$

【例 6-9】 图 6-25 所示是一个由 LM358 组成的锯齿波发生电路。图中 $R1=R2=R3=R4=10\text{k}\Omega$，$R5=100\Omega$，RW 为电位器，$RW=100\text{k}\Omega$，$C=1\mu\text{F}$。LM358 所加电压为 $\pm12\text{V}$，从 U2 的输出端观察输出波形。

先把电位器 RW 调到中间位置，用 Proteus 交互仿真功能，可以绘出电路的输出波形，这时，看到输出的波形为三角波。随着电位器滑动端向上调节，可以看到输出的波形逐渐向锯齿波过渡，直到把电位器 RW 调到最上端位置，可看到如图 6-26 所示的输出波形。图中呈现的就是一种锯齿波信号。如果把电位器 RW 调到最下端位置，则可看到如图 6-27 所示的输出波形。它也是锯齿波信号，与前面锯齿波的唯一区别是信号的指向不同，前者朝右，后者朝左。由图 6-26、图 6-27 可见，锯齿波的振荡周期约为 110ms。

根据公式（6-9），锯齿波的振荡周期为

$$T = \frac{2R1RWC}{R2} = \frac{2 \times 10 \times 10^3 \times 100 \times 10^3 \times 1 \times 10^{-6}}{10 \times 10^3} = 200\,(\text{ms})$$

与前面的实测结果比较，可见理论计算的锯齿波的振荡周期与实测值之间存在的误差较大。

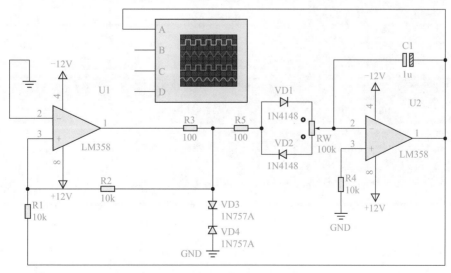

图 6-25 由 LM358 组成的锯齿波发生电路

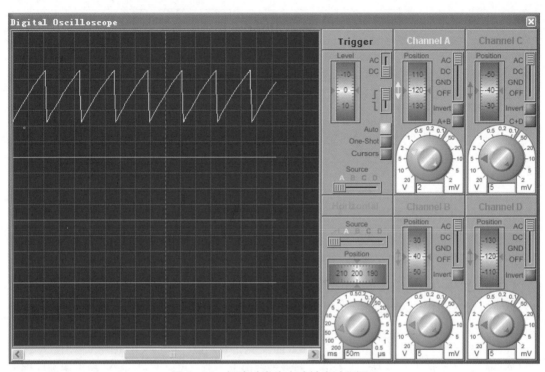

图 6-26 锯齿波发生电路输出波形图 1

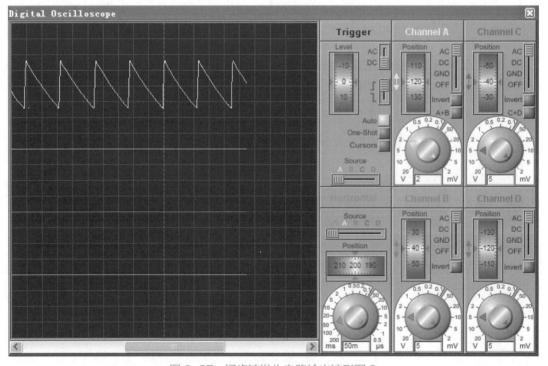

图 6-27 锯齿波发生电路输出波形图 2

【例 6-10】 如图 6-28 所示是一个由通用放大器 LM101A 组成的锯齿波发生器电路。图中 $R1=10k\Omega$，$R4=1.4k\Omega$，$R5=8.2k\Omega$，$R2$ 和 R3 均为电位器，$R2=1M\Omega$，$R3=140k\Omega$，$C1=0.1\mu F$。

LM101A 所加电压为 ±12V，从 UO 处看输出波形。

　　先把电位器 R3 调到中间位置，单击屏幕左下角的运行按钮，用 Proteus 交互仿真功能，可以绘出电路的输出波形，如图 6-29 所示，可见，输出的波形不像锯齿波，倒像是三角波。

　　电位器 R2 负责调节幅度的大小，此电路启振不易，调试时应先把电位器 R2 向左侧调节。电位器 R3 负责调节信号的频率，向右调节频率减小，向左调节频率增大。电位器 R3 向左调节后将出现如图 6-30 所示的较高频率的输出波形。

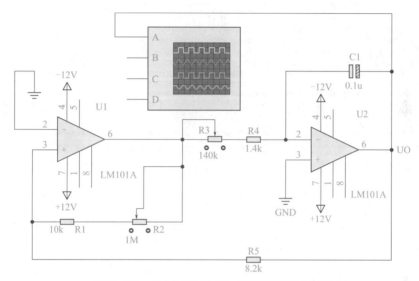

图 6-28　由 LM101A 组成的锯齿波发生器电路

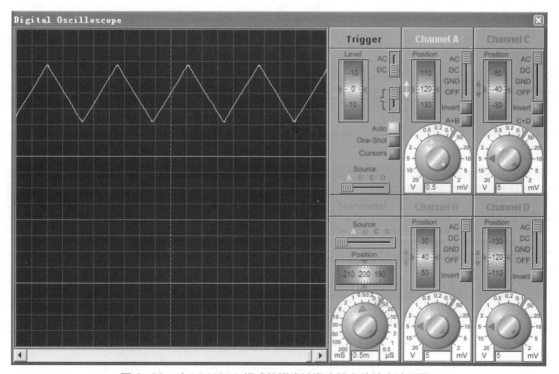

图 6-29　由 LM101A 组成的锯齿波发生器电路输出波形图 1

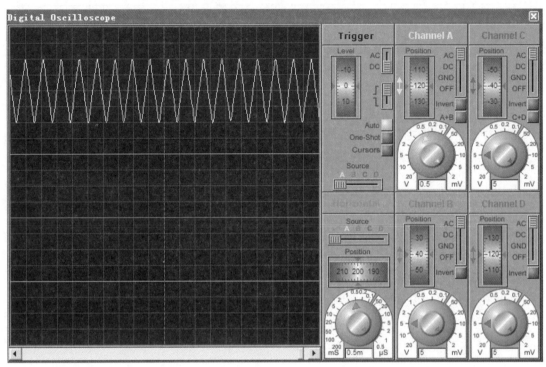

图 6-30　由 LM101A 组成的锯齿波发生器输出波形图 2

函数发生器电路

　　函数发生器是一种多波形的信号源，它可以产生方波、三角波、锯齿波和正弦波及其他波形。它是一种不可或缺的信号源，可以用于生产测试、仪器维修和实验室使用等。

　　函数发生器的电路形式有两种：它可以由运放及分立元件构成，也可以是单片集成函数发生器。本小节介绍由运放及分立元件构成的函数发生器。

　　【例 6-11】　如图 6-31 所示是由运算放大器 TLC272 组成的函数发生器电路。它可以产生方波和锯齿波两种波形。图中 $R1=R2=100\text{k}\Omega$，$R3=47\text{k}\Omega$，$R4=R5=10\text{k}\Omega$，$C1=0.1\mu\text{F}$。TLC272是一种 CMOS 精密双运算放大器，图中电源电压为 +9V，从 A0 处输出三角波，从 A1 处看输出方波。

　　用 Proteus 交互仿真功能，可以绘出电路的输出波形，如图 6-32 所示。由图可见，示波器A 通道输出方波，B 通道输出三角波。波形的幅度约为 8V，波形的周期约为 19ms，换算成频率约为 52.6Hz。

　　现在，我们看一下理论计算的函数发生器电路的输出频率是多少。

　　如图 6-31 所示的函数发生器电路的输出频率公式为

$$f = \frac{R1}{4R2R3C}$$

将相关数值代入，得

$$f = \frac{100 \times 10^3}{4 \times 100 \times 10^3 \times 47 \times 10^3 \times 0.1 \times 10^{-6}} \approx 532\,(\mathrm{Hz})$$

与前面的实测结果比较，理论计算的函数发生器电路的输出频率与实测值相差不大。

此电路和别的信号发生器电路不同，极易启振，几乎是在点击运行按钮的同时，规范的波形就会出现。

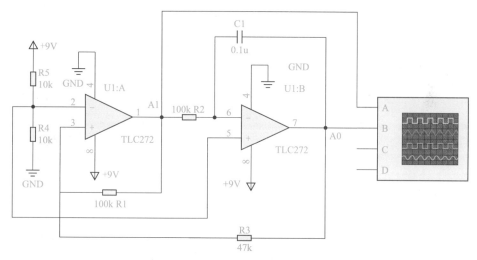

图 6-31　由 TLC272 组成的函数发生器电路

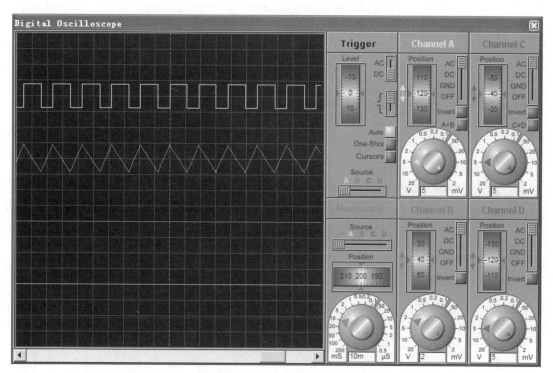

图 6-32　一个由 TLC272 组成的函数发生器电路输出波形

· 6.10 ·

单稳态触发器

【例 6-12】 如图 6-33 所示是一个由运算放大器 LM324 组成的单稳态触发器电路。图中 $R1=R2=R3=10k\Omega$，$C1=10\mu F$。LM324 所加电压为 +15V，从 LM324 的 1 脚处看输出波形。

在 VI 处输入频率为 100Hz、幅度是 +4V 的正弦波信号，用 Proteus 交互仿真功能，可以测出电路的输出波形，如图 6-34 所示。图中 A 通道的黄线为输入的用于触发的正弦波波形，B 通道的蓝线为输出方波波形。

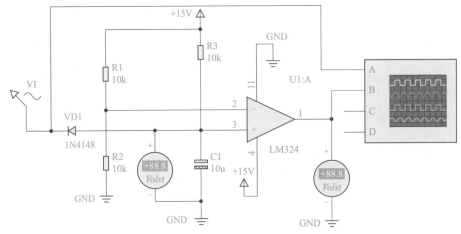

图 6-33 由 LM324 组成的单稳态触发器电路

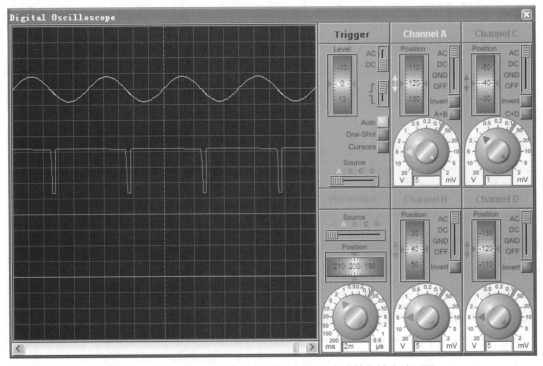

图 6-34 由 LM324 组成的单稳态触发器电路输入输出波形图

施密特触发器

【例 6-13】 如图 6-35 所示是一个由运算放大器 LM324 组成的施密特触发器电路。图中 $R1=R2=R3=1\text{k}\Omega$，VD2、VD3 为 1N5225B 稳压管。LM324 所加电压为 +15V，从 CLK 处输入触发信号，从与 LM324 的 1 脚连接的 R3 的另一端看输出波形。

在 CLK 处输入频率为 100Hz、幅度是 +4V 的正弦波信号，用 Proteus 交互仿真功能，可以测出电路的输出波形，如图 6-36 所示。图中 A 通道的黄线为输出方波波形，B 通道的蓝线为输入的用于触发的正弦波波形。

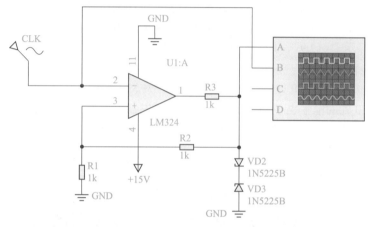

图 6-35 由 LM324 组成的施密特触发器电路

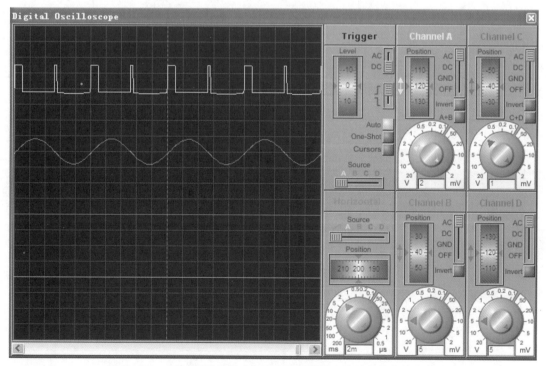

图 6-36 由 LM324 组成的施密特触发器电路输入输出波形图

双稳态触发器

用两只三极管可以构成一个具有两种稳定状态的双稳态电路，同样，我们还可以利用运放构成双稳态电路。

【例 6-14】 如图 6-37 所示是一个由运算放大器 LM324 组成的双稳态触发器电路。图中 U1 和 U1:A 均为运放 LM324，$R2=R3=10k\Omega$，$R4=100k\Omega$，$R5=20k\Omega$，$R6=1k\Omega$，$R7=200k\Omega$，$R8=1M\Omega$，电位器 $RV1=1k\Omega$，$C1=0.01\mu F$，$C2=10\mu F$。VD3、VD4 为开关二极管 1N4148，起钳位作用。S1、S2 为无锁开关。LM324 所加电压为 ±15V，从 V0 处观察输出电位。

在图 6-37 中，单击 Proteus 图屏幕左下角的运行键，系统开始运行，出现如图 6-38 所示的电路输入输出图。按下开关 S1，V0 处的电压表显示"-0.08"，是低电平。再按下开关 S2，V0 处的电压表显示"+12.9"，是高电平，如图 6-39 所示。让开关 S2 弹起，V0 处的电压表显示"0.11"，又是低电平。

总之，按下开关 S2，V0 处的电压为高电平；开关 S2 弹起，V0 处的电压是低电平。开关 S2 保持不动，V0 处的电平也不动。这就是双稳态触发器电路的特性，开关 S2 的按下和弹起能提供不同的触发信号。在输出 V0 处，可以经一个驱动电路通过继电器再和指示灯、扬声器、电风扇等外围设备连接。

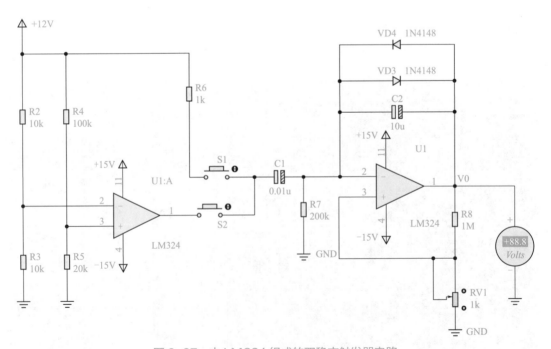

图 6-37 由 LM324 组成的双稳态触发器电路

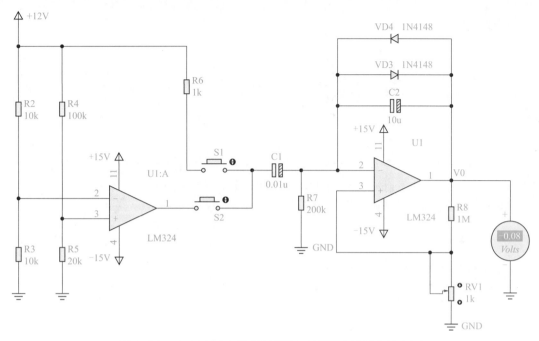

图 6-38　由 LM324 组成的双稳态触发器电路输入输出图 1

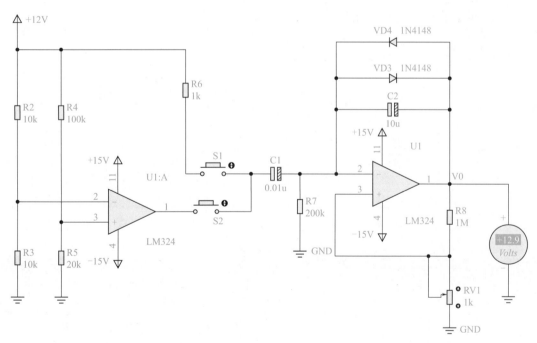

图 6-39　由 LM324 组成的双稳态触发器电路输入输出图 2

第7章 由单结晶体管构成的双稳、单稳、无稳电路

本章主要介绍单结管结构、特性及其应用。单结管是单结晶体管的简称，又称双基极晶体管。它与晶体管有一个发射极 e、一个集电极 c 和一个基极 b 不同，有一个发射极 e 和两个基极 b_1 和 b_2。单结管可以构成脉冲发生电路、触发电路和单稳态电路。

① 由单结管 UJT 构成的基本振荡电路。
② 由单结管 UJT 构成的振荡电路——锯齿波发生电路。
③ 由单结管 UJT 构成的分频电路。
④ 由单结管 UJT 构成的从 e 脚触发的单稳态电路。
⑤ 由单结管 UJT 构成的从 b2 脚触发的单稳态电路。
⑥ 由两个单结管并联构成的振荡电路。
⑦ 由单结管构成的三角波振荡电路。

单结晶体管的结构、特性与应用电路

（1）单结管的结构与特性

单结管是单结晶体管（Unijuction Transistor，或UJT）的简称，又称双基极晶体管。单结管结构示意图及符号如图7-1所示。单结管有3个引出极：发射极e、第一基极 b_1 和第二基极 b_2。

图7-2（a）所示的点画线框内是单结管的等效电路，图7-2（b）为单结管的特性曲线。自PN结处的 A 点至两个基极 b_1、b_2 之间的等效电阻分别为 r_{b1}、r_{b2}，当接上电源后，设 b_1、b_2 之间的电压为 U_{BB}，则 A 点与 b_1 之间的电压为

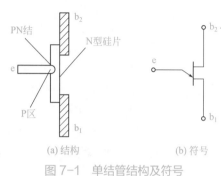

(a) 结构　　　　(b) 符号

图 7-1　单结管结构及符号

$$U_A = \frac{r_{b1}}{r_{b1}+r_{b2}} U_{BB} = \eta U_{BB}$$

式中，$\eta = \dfrac{r_{b1}}{r_{b1}+r_{b2}}$，称为单结管分压比，一般为 $0.5 \sim 0.8$。

在基极电源电压 V_{BB} 一定时，单结管的电压电流特性可用发射极电流 I_E 和发射极与第一基极 b_1 之间的电压 U_{BE1} 的关系曲线来表示，该曲线就是单结管特性曲线。

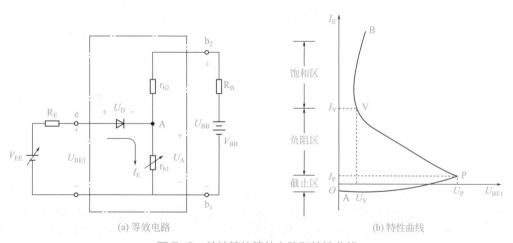

(a) 等效电路　　　　　　　　　　　　　　(b) 特性曲线

图 7-2　单结管的等效电路和特性曲线

当外加电压 U_{BE1} 由零逐渐增大时，发射极电流 I_E 也逐渐变化。由图可知，单结管特性曲线大致分为三个区：截止区、负阻区和饱和区。三个区域的分界点是P（称为峰点）和V（称为谷点）。U_P、I_P 分别称为峰点电压和峰点电流，U_V、I_V 分别称为谷点电压和谷点电流。

峰点的电压值应为

$$U_P = U_A + U_D \approx U_A = \eta U_{BB}$$

显然，对于同一单结管，U_P 不是一个固定值，而与外加 U_{BB} 的大小有关。

❶截止区：截止区对应曲线中的起始段（AP）。此段 $U_{BE1} < U_A$，电流极小，r_{b1} 呈现高阻。

❷ 负阻区：负阻区对应曲线中的 PV 段。当 $U_{BE1} > U_A + U_D$ 时，等效二极管导通，使 r_{b1} 迅速减小，I_E 增大。I_E 增大，U_{BE1} 反而减小，即具有负阻特性，这是单结管特有的。

❸ 饱和区：饱和区对应曲线中的 VB 段。过 V 点后，单结管进入饱和导通状态，又呈现正阻特性，与二极管正向特性相似。

综上所述，单结管具有以下特点：

❶ 当发射结电压等于峰点电压 U_P 时，单结管导通。导通之后，当发射结电压减小到 $u_{BE1} < U_V$ 时，单结管由导通变为截止。一般单结管的谷点电压在 2～5V。

❷ 单结管的发射极与第一基极之间的 r_{b1} 是一个阻值随发射极电流增大而变小的电阻，r_{b2} 则是一个与发射极电流无关的电阻。

❸ 不同的单结管有不同的 U_P 和 U_V。同一个单结管，若电源电压 V_{BB} 不同，它的 U_P 和 U_V 也有所不同。在触发电路中常选用 U_V 低一些或 I_V 大一些的单结管。

（2）单结管脉冲发生电路

图 7-3（a）是一个典型的单结管脉冲发生电路，电路中有一个单结管 VT，电源 $+V_{BB}$、R 和 C 组成充电回路，脉冲电压从电阻 R_1 两端输出，R_2 起温度补偿作用。

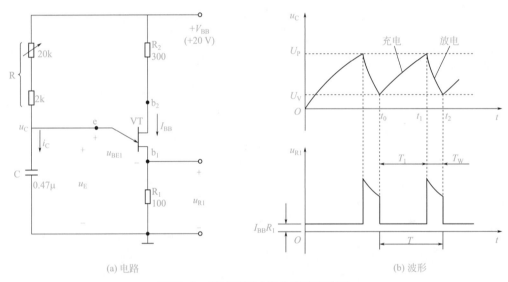

(a) 电路   (b) 波形

图 7-3 单结管脉冲发生电路及波形

接通电源后，V_{BB} 通过 R 向电容 C 充电，使电容上电压 u_C 升高。而 u_C 就是单结管的发射极电压 u_E，当 u_C 小于峰点电压 U_P 时，单结管截止，R_1 中只流过很小的漏电流 I_{BB}，因此，从 R_1 两端输出的漏电压很小，$u_{R1} = I_{BB}R_1$，见图 7-3（b）。当 u_C 上升到 U_P 时，单结管突然导通，电容通过单结管的发射结和 R_1 放电，将有一个很大的放电电流在 R_1 上产生一个脉冲电压。由于单结管导通时 r_{b1} 很小，且 R_1 的阻值也比较小，所以放电过程很快。当 u_C 降至谷点电压 U_V 时，单结管截止，电容又开始充电，以后重复上述过程。所以从 R_1 两端输出一系列比较窄的尖峰脉冲，如图 7-3(b) 所示。

在充电时，u_C 按指数规律变化，可表示为

$$u_C = V_{BB} \left(1 - e^{-\frac{t}{RC}} \right)$$

由图可见，当 $t = T_1$ 时，$u_C = U_P \approx \eta V_{BB}$，将此关系代入上式，并近似认为脉冲周期 $T \approx T_1$，则可求得

$$T \approx T_1 \approx RC\ln\frac{1}{1-\eta}$$

由此式可以看出，当单结管选定后，改变 R 或 C 的值即可改变脉冲周期的大小。

（3）单结管触发电路

单结管脉冲发生电路虽然能够产生周期可调的脉冲序列，但还不能直接作为晶闸管的触发电路。它的主要问题在于触发脉冲与主电路的交流电源不同步。

用单结管脉冲发生电路提供触发电压时，解决同步问题可用稳压管对全波整流输出限幅后作为单结管振荡电路的电源，如图 7-4 所示。图中 T_S 称为同步变压器，其初级接主电源。

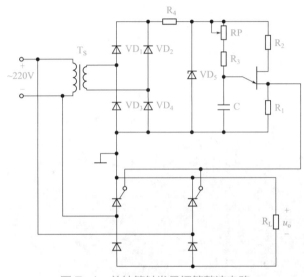

图 7-4　单结管触发晶闸管整流电路

通常可用的单结管包括 2N1671、2N2646、2N2647 等，2N2646 是最常用的 UJT，用于脉冲发生器及延时电路。可用的其他类型的单结管器件称为可编程 UJT，其开关参数可由外部电阻器设置。最常见的可编程单结管是 2N6027 和 2N6028。

· 7.2 ·

用 Proteus 软件仿真

7.2.1　由单结管构成的基本振荡电路

【例 7-1】　由单结管 UJT 构成的基本振荡电路如图 7-5 所示。已知，电路中 Q1 为 UJT，$C=0.47\mu F$，$R1=1k\Omega$，$R2=300\Omega$，$R3=470\Omega$，$RV1=340k\Omega$。电源电压为 +12V。UJT 的 e 脚、b1 脚和 b2 脚接虚拟示波器以观察输出信号。

单击 Proteus 图屏幕左下角的运行键，系统开始运行，将出现如图 7-6 所示的由单结管 UJT 构成的振荡电路波形。由图可见，此时，图中 A 通道的黄线为 b1 点的输出，为负尖脉冲信号；B 通道的蓝线为 e 点的输出信号，它大致为锯齿波波形；C 通道的红线为 b2 点的输出信号，它是正的尖脉冲信号。调节图中的电位器 RV1，可以同时改变这 3 个信号的输出频率。

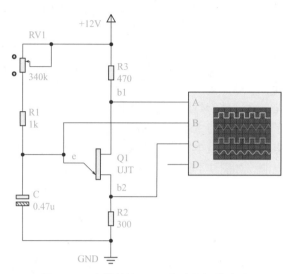

图 7-5   由单结管 UJT 构成的振荡电路

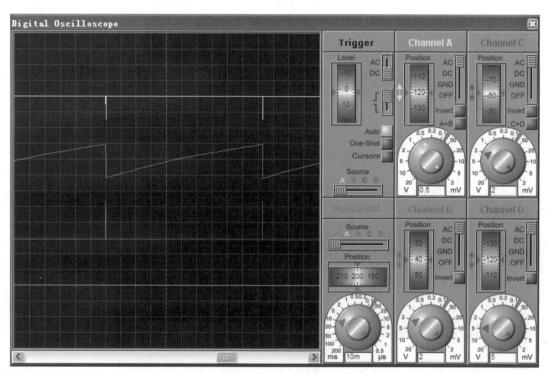

图 7-6   由单结管 UJT 构成的振荡电路输出波形

这三种波的周期 T 约为 103.0ms。而频率 $f=1/T=9.71$Hz。

单结管基本振荡电路的周期计算公式为

$$T \approx RC\ln\frac{1}{1-\eta}$$

将 R=340kΩ，C=0.47μF，η=0.5 代入上式（其中 $\ln 2 \approx 0.69$），得

$$T \approx RC\ln\frac{1}{1-\eta} = 340 \times 10^3 \times 0.47 \times 10^{-6} \times \ln 2 = 110.3\ (\text{ms})$$

可见，理论计算的单结管基本振荡电路的周期和虚拟示波器测出的周期相差不大。

7.2.2　由单结管构成的振荡电路——锯齿波发生电路

【例 7-2】　由单结管 UJT 构成的振荡电路——锯齿波发生电路如图 7-7 所示。已知，电路中 Q1 为 UJT，C=0.47μF，$R1$=1kΩ，$R2$=100Ω，$R3$=470Ω，$RV1$=47kΩ。电源电压为 +12V。UJT 的 e 脚和 b2 脚接虚拟示波器观察输出信号。

单击 Proteus 图屏幕左下角的运行键，系统开始运行，将出现如图 7-8 所示的单结管 UJT 构成的振荡电路波形。由图可见，此时，B 通道的蓝线为尖脉冲信号，A 通道的黄线为同频率的锯齿波信号。调节图中的电位器 RV1，可以改变输出尖脉冲及锯齿波的频率。

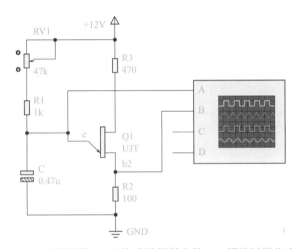

图 7-7　由单结管 UJT 构成的振荡电路——锯齿波发生电路

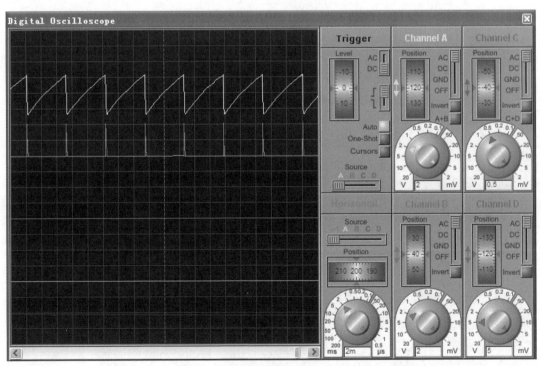

图 7-8　由单结管 UJT 构成的振荡电路——锯齿波发生电路输出波形

7.2.3 由单结管构成的分频电路

【例 7-3】 由单结管 UJT 构成的分频电路如图 7-9 所示。已知，电路中 Q1 为 UJT，$C1=C2=1\mu F$，$RE=2.4k\Omega$，$R2=300\Omega$，$R3=51\Omega$，$RV1=10k\Omega$。电源电压为 +12V。从 VI 脚输入待分频的方波信号，UJT 的 b1 脚和 b2 脚接虚拟示波器观察输出信号。

在 VI 处输入频率为 1kHz、幅度是 +4V 的近似方波信号，用 Proteus 交互仿真功能，可以测出电路的输出波形，如图 7-10 所示。图中 A 通道的黄线为输入的待分频的方波信号，B 通道的蓝线为分频后的波形，C 通道的红线也是分频后的波形，它与 B 通道的波形频率相同，相位相反。

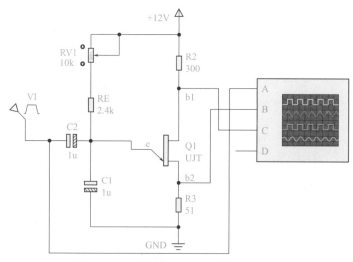

图 7-9 由单结管 UJT 构成的分频电路

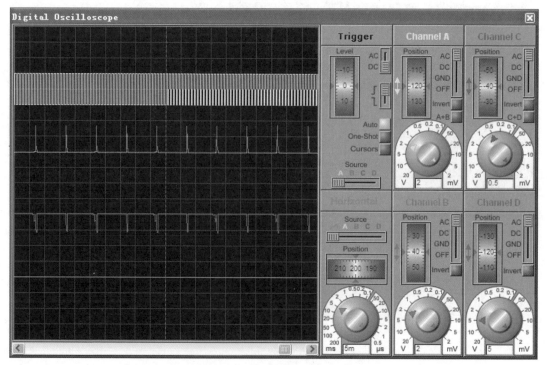

图 7-10 由单结管 UJT 构成的分频电路输入输出波形

7.2.4 由单结管构成的从 e 脚触发的单稳态电路

【例 7-4】 由单结管 UJT 构成的从 e 脚触发的单稳态电路如图 7-11 所示。已知，电路中 Q1 为 UJT，$C1=0.47\mu F$，$C2=10\mu F$，$R1=100\Omega$，$R2=470\Omega$，$RE=3k\Omega$。电源电压为 +12V。UJT 的 e 脚接外来的触发信号，UJT 的 b1 脚接虚拟示波器观察输出信号。

在 VI 处输入频率为 500Hz、幅度是 +4V 的近似方波信号，用 Proteus 交互仿真功能，可以测出电路的输出波形，如图 7-12 所示。图中 A 通道的黄线为输出的方波信号，此方波失真，B 通道的蓝线为输入的触发信号。

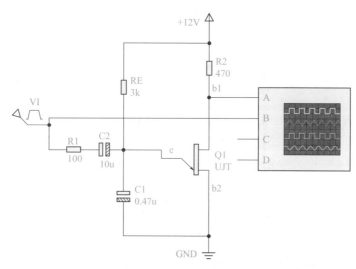

图 7-11 由单结管 UJT 构成的从 e 脚触发的单稳态电路

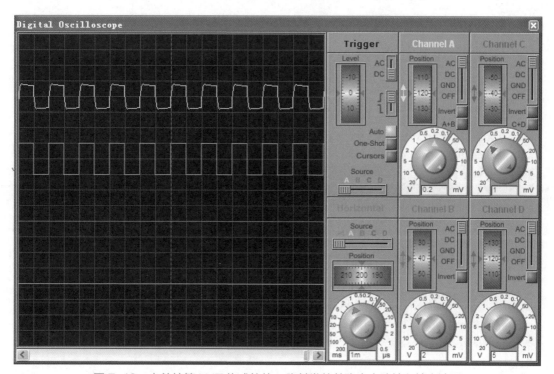

图 7-12 由单结管 UJT 构成的从 e 脚触发的单稳态电路输入输出波形

7.2.5　由单结管构成的从 b2 脚触发的单稳态电路

【例 7-5】　由单结管 UJT 构成的从 b2 脚触发的单稳态电路如图 7-13 所示。已知，电路中 Q1 为 UJT，$C1=0.47\mu F$，$C2=10\mu F$，$R1=100\Omega$，$R2=470\Omega$，$RE=10k\Omega$。电源电压为 +12V。UJT 的 b2 脚接外来的触发信号，UJT 的 e 脚接虚拟示波器，用以观察输出信号。

在 VI 处输入频率为 1kHz、幅度是 +5V 的近似方波信号，用 Proteus 交互仿真功能，可以测出电路的输出波形，如图 7-14 所示。图中 A 通道的黄线为输出的锯齿波信号，B 通道的蓝线为输入的触发信号。

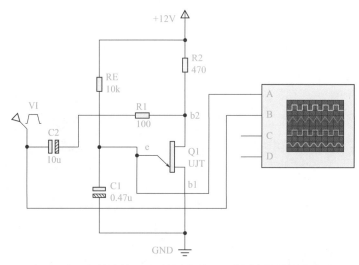

图 7-13　由单结管 UJT 构成的从 b2 脚触发的单稳态电路

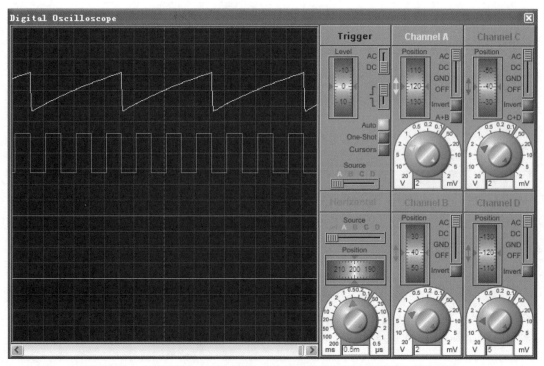

图 7-14　由单结管 UJT 构成的从 b2 脚触发的单稳态电路输入输出波形

7.2.6　由两个单结管并联构成的振荡电路

图 7-15 是由两个单结管并联构成的振荡电路及工作波形。电路中，L_1 为平衡电抗器。

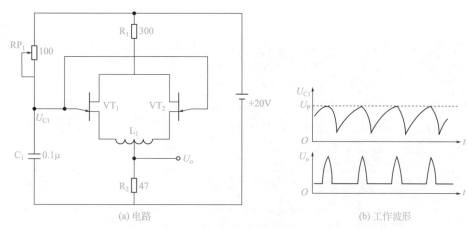

(a) 电路　　　　　　　　　　　(b) 工作波形

图 7-15　由两个单结管并联构成的振荡电路及工作波形

工作原理如下。电路加上电源时，C_1 通过 RP_1 充电，当 C_1 上充电电压达到 VT_1 和 VT_2 中峰点电压较低者时，该单结管导通，C_1 通过导通的单结管开始放电。放电电流通过平衡电抗器 L_1 产生感应电压，使未导通的单结管导通。两个单结管都截止时 C_1 再次充电，重复下一周期的操作。多个单结管并联，可以构成需要大功率触发信号的晶闸管串联或并联运行的触发电路。

【例 7-6】　由两个单结管并联构成的振荡电路如图 7-16 所示。已知，电路中 Q1 和 Q2 均为 UJT（单结管），L1 和 L2 均为 1mH 的电感，$R1=300\Omega$，$R2=47\Omega$，$R3=1k\Omega$，$RP=100k\Omega$，$C1=0.1\mu F$。电源电压为 +20V。在 U_o 和 UC1 处接虚拟示波器观察输出信号。

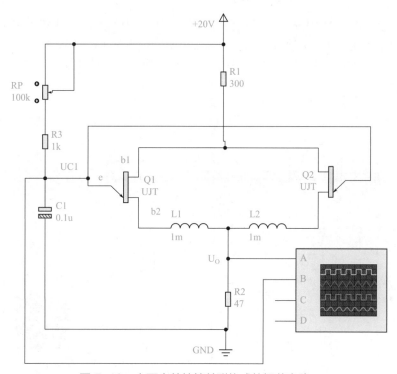

图 7-16　由两个单结管并联构成的振荡电路

在图 7-16 中，单击 Proteus 图屏幕左下角的运行键，系统开始运行，出现如图 7-17 所示的电路输出波形。图中 A 通道的黄线为输出的脉冲信号，B 通道的蓝线为在 UC1 点测得的锯齿波信号。调节电位器 RP 的电阻值，可改变输出脉冲和锯齿波的频率。

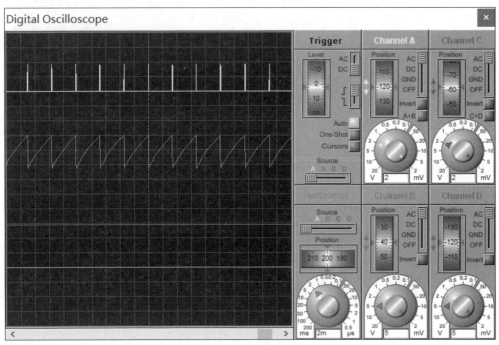

图 7-17　由两个单结管并联构成的振荡电路的输入输出波形

7.2.7　由单结管构成的三角波振荡电路

图 7-18 是由单结管构成的三角波振荡电路 1。工作原理如下。图中 VT1 和 VT3 是恒流电路，VT1 的恒流值是 VT3 恒流值的 2 倍。VT1 的电流部分经 VT3 流通，其余的经 C1 流通；C1 上的电压升高达到 VT2 的峰点电压时，VT2 导通；VT1 的电流经 VT2 发射极流通，C1 的充电电

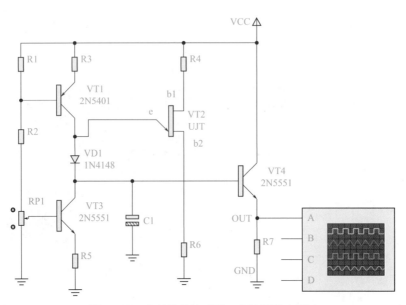

图 7-18　由单结管构成的三角波振荡电路 1

荷经 VT3 放电。C1 上电压随着放电而降到一定程度时，VD1 导通。VT2 回到截止状态，VT1 的一部分电流再对 C1 充电，重复以上动作，OUT 点就得到输出的三角波波形。RP1 用于改变 VT3 的基极电压，从而得到三角波到锯齿波的任意波形。

【**例 7-7**】 由单结管构成的三角波振荡电路 2 如图 7-19 所示。已知，电路中 VT1、VT3、VT4 均为晶体管，VT2 为 UJT（单结管），电源电压为 +12V，$R1=R3=10\text{k}\Omega$，$R2=R5=5\text{k}\Omega$，$R4=560\Omega$，$R6=20\Omega$，$RP1=20\text{k}\Omega$，$R7=3.3\text{k}\Omega$，$C1=0.1\mu\text{F}$。在 OUT 处接虚拟示波器观察输出信号。

在图 7-19 中，单击 Proteus 图屏幕左下角的运行键，系统开始运行，出现如图 7-20 所示的电路输出波形图。图中 A 通道的黄线为输出的三角波信号。调节电位器 RP1 的电阻值，可输出三角波到锯齿波之间的任意波形。

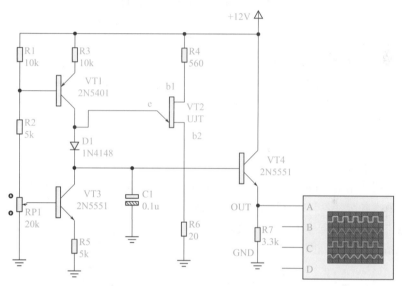

图 7-19 由单结管构成的三角波振荡电路 2

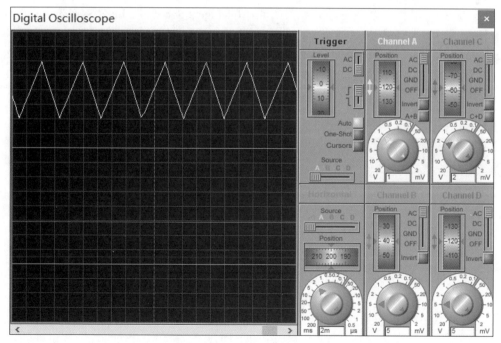

图 7-20 由单结管构成的三角波振荡电路的输出波形

Proteus ISIS 是英国 Labcenter 公司开发的电路分析与实物仿真软件。它运行于 Windows 操作系统上，可以仿真、分析各种模拟器件和集成电路，该软件的特点是：

❶ 实现了单片机仿真和 SPICE（Simulation Program with Integrated Circuit Emphasis）电路仿真相结合。具有模拟电路仿真、数字电路仿真、单片机及其外围电路组成的系统的仿真、RS232 动态仿真、I2C 调试器、SPI 调试器、键盘和 LCD 系统仿真的功能；有各种虚拟仪器，如示波器、逻辑分析仪、信号发生器等。

❷ 支持主流单片机系统的仿真。目前支持的单片机类型有：68000 系列、8051 系列、AVR 系列等系列以及各种外围芯片。

❸ 提供软件调试功能。在硬件仿真系统中具有全速、单步、设置断点等调试功能，同时可以观察各个变量、寄存器等的当前状态，因此在该软件仿真系统中，也必须具有这些功能；同时支持第三方的软件编译和调试环境，如 Keil C51、uVision2 等软件。

❹ 具有强大的原理图绘制功能。

总之，该软件是一款集单片机和 SPICE 分析于一身的仿真软件，功能极其强大。

Proteus 主要由智能原理图输入系统 ISIS（Intelligent Schematic Input System）和高级布线编辑软件 ARES（Advanced Routing and Editing Software）及虚拟系统模型 VSM（Virtual System Modeling）三部分组成。ISIS 的主要功能是原理图设计，ARES 主要用于印制电路板（PCB）的设计，VSM 则包括电路原理图的交互式仿真和图表仿真。下面介绍 Proteus ISIS 软件的原理图设计方法和 Proteus 软件的仿真调试方法。

进入 Proteus ISIS

双击桌面上的 ISIS 8 Professional 图标或者单击屏幕左下方的"开始"→"程序"→"Proteus 8 Professional", 将出现如图 8-1 所示画面, 表明进入 Proteus ISIS 集成环境。

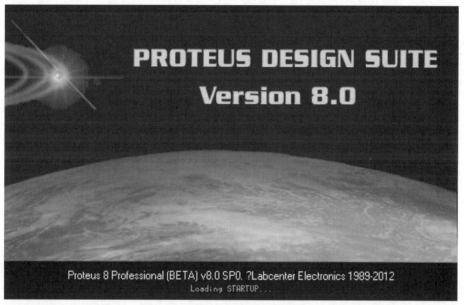

(a) Proteus 8 启动时的界面

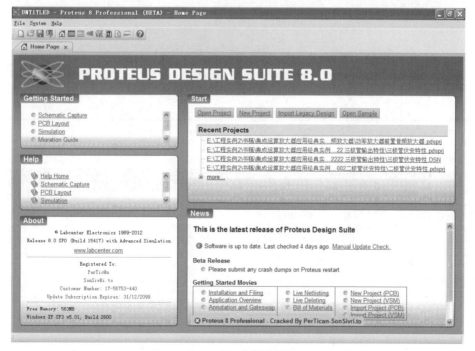

(b) Proteus 8 的主页界面

图 8-1 进入 Proteus 8 ISIS

·8.2·

工作界面

Proteus ISIS 启动后，将进入工作界面。Proteus ISIS 的工作界面是一种标准的 Windows 界面，界面及其说明如图 8-2 所示，包括：标题栏、主菜单、标准工具栏、绘图工具栏、状态栏、对象选择按钮、预览对象方位控制按钮、仿真控制按钮、预览窗口、对象选择器窗口、原理图编辑窗口。下面简单介绍各部分功能。

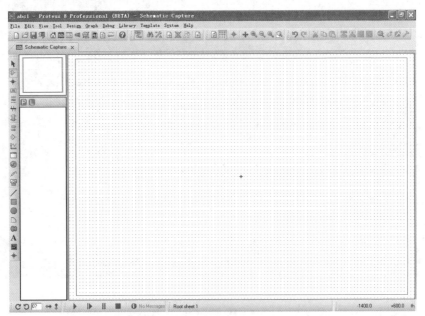

(a) Proteus ISIS 的工作界面

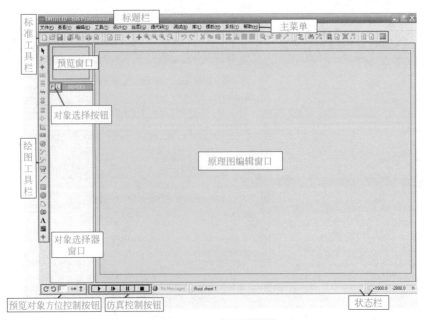

(b) Proteus ISIS 工作界面的说明

图 8-2 Proteus ISIS 的工作界面及说明

（1）原理图编辑窗口

它占用的面积最大，是绘制原理图的窗口。

（2）预览窗口

预览窗口可以显示两个内容。一个是在元器件列表中选择一个元器件时，显示该元件的预览图。另一个是鼠标焦点落在原理图编辑窗口时，显示整张原理图的缩略图。

（3）对象选择器窗口

对象选择器窗口用来放置从库中选出的待用元器件、终端、图表和虚拟仪器等。原理图中所用元器件、终端、图表和虚拟仪器等，要先从库里选到这里。表 8-1 给出了 Proteus 提供的所有元器件分类和子类列表。

表 8-1　Proteus 提供的所有元器件分类和子类列表

元件分类	元件子类
模拟芯片 （Analogy ICs）	放大器（Amplifiers） 比较器（Comparators） 显示器驱动（Display Drivers） 滤波器（Filters） 多路开关 / 多路复用器（Multiplexers） 稳压器（Regulators） 定时器（Timers） 基准电压源（Voltage References） 杂类（Miscellaneous）
电容 （Capacitors）	可动态显示充放电电容（Animated） 音响专用电容器（Audio Grade Axial） 聚苯丙烯薄膜径向电容（Axial Lead Polypropene） 聚苯乙烯薄膜径向电容（Axial Lead Polystyrene） 陶瓷圆片电容（Ceramic Disc） 解耦圆片电容（Decoupling Disc） 铝电解电容（Electrolytic Alumininum） 普通电容（Generic） 高温径向电容（High Temperature Radial） 高温径向电解电容（High Temperature Axial Electrolytic） 金属化聚酯薄膜电容（Metallised Polyester Film） 金属化聚丙烯电容（Metallised Ploypropene） 金属化聚丙烯薄膜电容（Metallised Ploypropene Film） RF 云母电容（Mica RF Specific） 小型电解电容（Miniture Electrolytic） 多层陶瓷电容（Multilayer Ceramic） COG 材料贴片多层电容（Multilayer COG） NPO 材料贴片多层电容（Multilayer NPO） X5R 材料贴片多层电容（Multilayer X5R） X7R 材料贴片多层电容（Multilayer X7R） Y5V 材料贴片多层电容（Multilayer Y5V） Z5U 材料贴片多层电容（Multilayer Z5U） 多层金属化聚酯膜电容（Multilayer Metallised Polyester Film） 聚乙酯薄膜电容（Mylar Film） 镍栅电容（Nickel Barrier） 无极性电容（Non Polarized） 工业片式有机电容（Poly Film Chip） 聚乙酯层电容（Polyester Layer） 径向电解电容（Radial Electrolytic） 树脂蚀刻电容（Resin Dipped） 钽电容（Tantalum Bead） 钽片 SMD 电容（Tantalum SMD） 薄膜电容（Thin Film） 可变电容（Variable） VX 轴电解电容（VX Axial Electrolytic）

元件分类	元件子类
连接器（Connectors）	音频接头（Audio） D 型接头（D–Type） 双排插座（DIL） FFC/FPC 连接器（FFC/FPC Connectors） IDC 接头（IDC Headers） 插头（Header Blocks） 插座（Headers/Receptacles） 各种接头（Miscellaneous） PCB 传输接头（PCB Transfer） PCB 转接连接器 / 印刷板连接器（PCB Transition Connectors） 带状电缆（蛇皮电缆）（Ribbon Cable） 带状 U（或 S）连接器（Ribbon Cable/Wire trip Connectors） 单排插座（SIL） 接线端子（Terminal Blocks） USB PCB 安装接线端子（USB PCB Mounting）
数据转换器（Data Converters）	模数转换器（A/D Converters） 数模转换器（D/A Converters） 光传感器（将光转换为电压）（Light Sensors） 采样与保持（Sample and Hold） 温度传感器（Temperature Sensors）
调试工具（Debugging Tools）	断点触发器（Breakpoint Triggers） 逻辑探针（Logic Probes） 逻辑激励源（Logic Stimuli）
二极管（Diodes）	整流桥（Bridge Rectifiers） 普通二极管（Generic） 整流二极管（Rectifiers） 肖特基二极管（Schottky） 开关二极管（Switching） 瞬态电压抑制二极管［Transient（Voltage）Suppressors］ 隧道二极管（Tunnel） 变容二极管（Varicap） 稳压二极管（Zener）
ECL 10000系列（ECL 10000 Series）	发射极耦合逻辑门，没有子类，共有 28 个常用元器件
电动机械（Electro–mechanical）	各类直流和步进电动机
电感（Inductors）	固定值电感（Fixed Inductors） 多层片状电感（Multilayer Chip Inductors） 表面贴装电感（Surface Mount Inductors） 小公差的 RF 电感（Tight Tolerance RF Inductors） 普通电感（Generic） 声表面安装电感（SMT Inductors） 变压器（Transformers）
拉普拉斯模型（Laplace Primitives）	一阶模型（1st Order） 二阶模型（2st Order） 控制器（Controllers） 非线性模型（Non–Linear） 算子（Operators） 极点 / 零点（Poles/Zones） 符号（Symbols）
电机（Mechanics）	星形交流三相电动机（BLDC–Star） 三角形交流三相电动机（BLDC–Triangle）
存储芯片（Memory ICs）	动态 RAM（Dynamic RAM） 电可擦 ROM（EEPROM）

元件分类	元件子类
存储芯片（Memory ICs）	可擦 ROM（EPROM） I2C 总线存储器（I2C Memories） SPI 总线存储器（SPI Memories） 存储卡（Memory Cards） 静态 RAM（Static RAM） 1-Wire 总线的 EEPROM（UNI/O Memories）
微处理芯片（Microprocessor ICs）	68000 系列（68000 Family） 8051 系列（8051 Family） ARM 系列（ARM Family） AVR 系列（AVR Family） Parallax 公司微处理器（BASIC Stamp Modules） DSPIC33 系列（DSPIC33 Family） 8086 系列（8086 Family） MSP430 系列（MSP430 Family） HC11 系列（HC11 Family） PIC10 系列（PIC10 Family） PIC12 系列（PIC12 Family） PIC16 系列（PIC16 Family） PIC18 系列（PIC18 Family） PIC24 系列（PIC24 Family） ARM Cortex-M3 系列（Stellaris Family） TMS320 系列（TMS320 Piccolo Family） Z80 系列（Z80 Family） CPU 外设（Peripherals）
杂项 （Miscellaneous ICs）	含天线、ATA/IDE 硬盘驱动模型、单节与多节电池、串行物理接口 模型、晶振、动态与通用熔断器、模拟电压与电流符号、交通信号灯
建模源（Modelling Primitives）	模拟仿真模型［Analog（SPICE）]］ 数字（缓冲器与门电路）［Digital（Buffers and Gates）] 数字（杂类）［Digital（Miscellaneous）] 数字（组合电路）［Digital（Combinational）] 数字（时序电路）［Digital（Sequential）] 混合模式（Mixed Mode） 可编程逻辑器件单元（PLD Elements） 实时激励源（Real-time Actuators） 实时指示器（Real-time Indictors）
运算放大器（Operational Amplifiers）	单路运放（Single） 二路运放（Dual） 三路运放（Triple） 四路运放（Quad） 八路运放（Octal） 理想运放（Ideal） 大量使用的运放（Macromodel）
光电子类器件（Optoelectronics）	14 段数码管显示器（14-Segment Displays） 16 段数码管显示器（16-Segment Displays） 7 段数码管显示器（7-Segment Displays） 英文字符与数字符号液晶显示器（Alphanumeric LCDs） 条形显示器（Bargraph Displays） 点阵显示器（Dot Matrix Displays） 图形液晶（Graphical LCDs） 灯（Lamps） 液晶控制器（LCD Controllers） 液晶面板显示器（LCD Panels Displays） 发光二极管（LEDs） 光电耦合器（Optocouplers） 串行液晶（Serial LCDs）

续表

元件分类	元件子类
具有串行下载的微处理器芯片（PICAXE）	无子分类 总共有 14 种元器件
可编程逻辑电路与现场可编程门阵列 （PLD and FPGA）	无子分类 总共有 12 种元器件
电阻（Resistors）	0.6W 金属膜电阻（0.6W Metal Film） 2W 金属膜电阻（2W Metal Film） 3W 绕线电阻（3W Wirewound） 7W 绕线电阻（7W Wirewound） 10W 绕线电阻（10W Wirewound） 表面贴片电阻（Chip Resistors） 普通电阻（Generic） 高压电阻（High Voltage） 负温度系数热敏电阻（NTC） 电阻网络（Resistor Network） 片电阻（Resistor Packs） 滑动变阻器（Variable） 正温度热敏电阻（PTC）
仿真源（Simulator Primitives）	触发器（Flip-Flops） 门电路（Gates） 电源（Sources）
扬声器与音响设备（Speakers and Sounders）	无子分类 总共有 5 种元器件
开关与继电器（Switchers and Relays）	键盘（Keypads） 普通继电器（Generic Relays） 专用继电器（Specific Relays） 开关（Switches）
开关器件（Switching Devices）	双向开关二极管（DIACs） 普通开关元件（Generic） 晶闸管（SCRs） 三端晶闸管（TRIACs）
热离子真空管（Thermionic Valves）	二级真空管（Diodes） 三级真空管（Triodes） 四级真空管（Tetrodes） 五级真空管（Pentodes）
传感器（Transducers）	距离传感器（Distance） 湿度温度传感器（Humidity/Temperature） 光敏电阻器［Light Dependent Resistor（LDR）］ 压力传感器（Pressure） 温度传感器（Temperature）
晶体管（Transistors）	双极性晶体管（Bipolar） 普通晶体管（Generic） 绝缘栅双极晶体管（IGBT） 结型场效应管（JFET） 金属 – 氧化物场效应晶体管（MOSFET） 射频横向功率管（RF Power LDMOS） 射频纵向功率管（RF Power VDMOS） 单结晶体管（Unijunction）
CMOS 4000系列（CMOS 4000 series） TTL 74系列（TTL 74 Series） TTL 74增强型低功耗肖特基系列（TTL 74ALS Series） TTL 74增强型肖特基系列（TTL 74AS Series） TTL 74高速系列（TTL 74F Series） TTL 74HC系列/CMOS 工作电平（TTL 74HC Series） TTL 74HCT系列/TTL 工作电平（TTL 74HCT Series） TTL 74低功耗肖特基系列（TTL 74LS Series） TTL 74肖特基系列（TTL 74S Series）	加法器（Adders） 缓冲器 / 驱动器（Buffers/Drivers） 比较器（Comparators） 计数器（Counters） 译码器（Decoders） 编码器（Encoders） 触发器 / 锁存器（Flip-Flop/Latches） 分频器 / 定时器（Frequency Dividers/Timers）

续表

元件分类	元件子类
CMOS 4000系列（CMOS 4000 series） TTL 74系列（TTL 74 Series） TTL 74增强型低功耗肖特基系列（TTL 74ALS Series） TTL 74增强型肖特基系列（TTL 74AS Series） TTL 74高速系列（TTL 74F Series） TTL 74HC系列/CMOS 工作电平（TTL 74HC Series） TTL 74HCT系列/TTL 工作电平（TTL 74HCT Series） TTL 74低功耗肖特基系列（TTL 74LS Series） TTL 74肖特基系列（TTL 74S Series）	门电路/反相器（Gates/Inverters） 存储器（Memory） 杂类逻辑芯片（Misc Logic） 数据选择器（Multiplexers） 多谐振荡器（Multivibrators） 振荡器（Oscillators） 锁相环（Phrase-Locked-Loops，PLLs） 寄存器（Registers） 信号开关（Signal Switches）

（4）绘图工具栏

该工具栏包括主模式图标、部件图标和 2D 图形工具图标。各模式图标所具有的功能如表 8-2 所示。

表8-2　各模式图标功能

类别	图标	功能
主模式图标		选择元器件
		在原理图中放置连接点
	LBL	在原理图中放置或编辑连线标签
		在原理图中输入新的文本或者编辑已有文本
		在原理图中绘制总线
		在原理图中放置子电路框图或者放置子电路元器件
		即时编辑选中的元器件
部件图标		使对象选择器列出可供选择的各种终端（如输入、输出、电源等）
		使对象选择器列出 6 种常用的元件引脚，用户也可从引脚库中选择其他引脚
		使对象选择器列出可供选择的各种仿真分析所需要的图表（如模拟图表、数字图表、A/C 图表等）
		对原理图电路进行分割仿真时采用此模式，用来记录前一步仿真的输出，并作为下一步仿真的输入
		使对象选择器列出各种可供选择的模拟和数字激励源（如直流电源、正弦激励源、稳定状态逻辑电平、数字时钟信号源和任意逻辑电平序列等）
		在原理图中添加电压探针，用来记录原理图中该探针处的电压值，可记录模拟电压值或者数字电压的逻辑值和时长
		在原理图中添加电流探针，用来记录原理图中该探针处的电流值，只能用于记录模拟电路的电流值
		使对象选择器列出各种可供选择的虚拟仪器（如示波器、逻辑分析仪、定时/计数器等）
2D 图形工具图标		使对象选择器列出可供选择的连线的各种样式，用于在创建元器件时画线或直接在原理图中画线
		使对象选择器列出可供选择的方框的各种样式，用于在创建元器件时画方框或直接在原图中画方框
		使对象选择器列出可供选择的圆的各种样式，用于在创建元器件时画圆或在原理图中画圆
		使对象选择器列出可供选择的弧线的各种样式，用于在创建元器件时画弧线或在原理图中画弧线

续表

类别	图标	功能
2D 图形工具图标		使对象选择器列出可供选择的任意多边形的各种样式，用于在创建元器件时画任意多边形或在原理图中画任意多边形
	A	使对象选择器列出可供选择的文字的各种样式，用于在原理图中插入文字说明
	S	用于从符号库中选择符号元器件
	+	使对象选择器列出可供选择的各种标记类型，用于在创建或编辑元器件、符号、各种终端和引脚时，产生各种标记图标

（5）预览对象方位控制按钮

预览对象方位控制按钮功能见表 8-3。

表8-3　预览对象方位控制按钮功能

类别	按钮	功能
旋转按钮	C	对原理图编辑窗口中选中的对象以 90° 间隔顺时针旋转（或在对象放入原理图之前）
	D	对原理图编辑窗口中选中的对象以 90° 间隔逆时针旋转（或在对象放入原理图之前）
编辑框	0	该编辑框可直接输入 90°、180°、270°，逆时针旋转相应角度改变对象在放入原理图之前的方向，或者显示旋转按钮对选中对象改变的角度值
镜像按钮	↔	对原理图编辑窗口中选中的对象或者放入原理图之前的对象以 Y 轴为对称轴进行水平镜像操作
	↕	对原理图编辑窗口中选中的对象或者放入原理图之前的对象以 X 轴为对称轴进行垂直镜像操作

（6）仿真控制按钮

仿真控制按钮功能见表 8-4。

表8-4　仿真控制按钮功能

类别	按钮	功能
仿真控制按钮	▶	开始仿真
	▶▮	单步仿真，单击该按钮，则电路按预先设定的时间步长进行单步仿真，如果选中该按钮不放，电路仿真一直持续到松开该按钮
	▮▮	可以暂停或继续仿真过程，也可以暂停仿真之后以单步仿真形式继续仿真，程序设置断点之后，仿真过程也会暂停，可以单击该按钮，继续仿真
	▮	停止当前的仿真过程，使所有可动状态停止，模拟器不占用内存

· 8.3 ·

Proteus ISIS 电路原理图设计

Proteus 软件可用于模拟电路仿真和数字电路仿真，以下例子虽属数字电路，其方法完全适用于模拟电路。现在以十进制同步可逆计数器 74LS190 功能测试电路原理图为例，说明 Proteus 电路原理图画法，如图 8-3 所示。

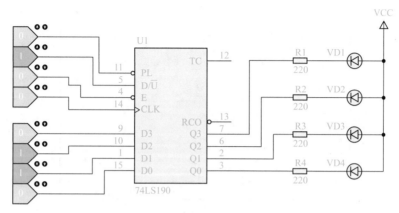

图 8-3　十进制同步可逆计数器 74LS190 功能测试电路原理图

（1）新建设计文件

在图 8-1（b）中，单击菜单"File（文件）"→"New Project（新建项目）"命令，弹出"New Project Wizard：Start"窗口，如图 8-4（a）所示。在"Name"后，输入项目文件名"abc1"；在"Path"后，输入项目文件所在路径，如图 8-4（b）所示。单击"Next"按钮，将弹出"New Project Wizard：Schematic Design"窗口，如图 8-4（c）所示。从中选择"DEFAULT"模板，单击"Next"按钮，将弹出"New Project Wizard：PCB Layout"窗口，如图 8-4（d）所示。依照图中所示选择后，单击"Next"按钮，将弹出"New Project Wizard：Firmware"窗口，如图 8-4（e）所示。依照图中所示选择后，单击"Next"按钮，将弹出"New Project Wizard：Summary"窗口，如图 8-4（f）所示。单击"Finish（完成）"按钮，将弹出 Proteus 8 原理图编辑窗口，如图 8-4（g）所示。新建的项目文件自动保存为"abc1.pdsprj"，文件的扩展名为"pdsprj"，如图 8-5 所示。

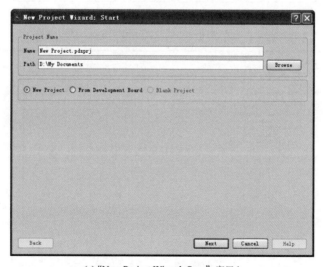

(a) "New Project Wizard: Start" 窗口 1

图 8-4

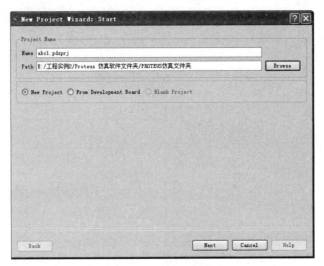

(b) "New Project Wizard: Start" 窗口2

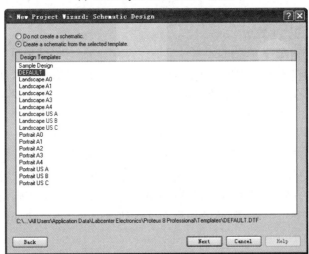

(c) "New Project Wizard: Schematic Design" 窗口

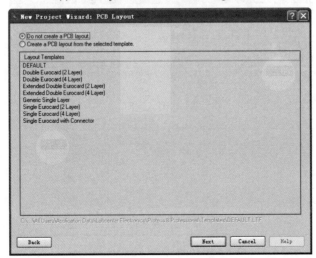

(d) "New Project Wizard: PCB Layout" 窗口

(e) "New Project Wizard: Firmware" 窗口

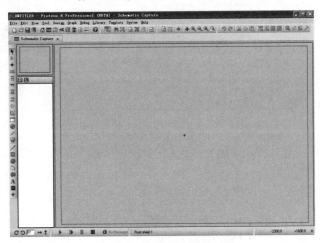

(f) "New Project Wizard: Summary" 窗口

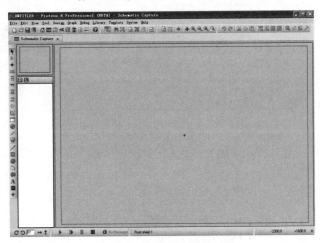

(g) Proteus 8 原理图编辑窗口

图 8-4　新建文件夹操作过程中的窗口

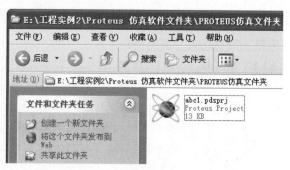

图 8-5　文件自动保存为 "abc1.pdsprj"

（2）选择元件

在画原理图之前，应将图中所用元器件从库中选择出来。同一个元器件不管图中用多少次，都只取一次。从库中选择元器件时，可输入所需元件的全称或者部分名称，元件拾取窗口可以进行快速查询。为了快速选取元件，可以到前面已给出的表 8-1 中查找。

单击图 2 中对象选择器窗口上方的 "P" 按钮，弹出如图 8-6 所示的 "Pick Devices" 对话框。

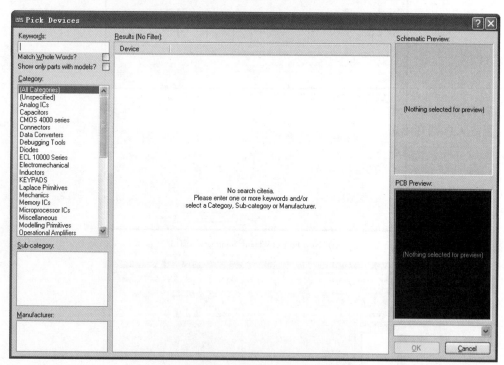

图 8-6　"Pick Devices" 对话框

❶ 添加 74LS190　在图 8-6 "Pick Devices" 对话框 "Keywords（关键字）" 文本框中，输入 "74LS190"，然后从 "Results（结果）" 列表中，选择所需要的型号。此时在元器件的预览窗口中分别显示出元器件的原理图和封装图，如图 8-7 所示。单击 "OK" 按钮或直接双击结果列表中的 "74LS190" 都可将选中的元器件添加到对象选择器。

❷ 添加发光二极管　打开 "Pick Devices" 对话框，在 "Keywords（关键字）" 文本框中，输入 "led-yellow"，"Results（结果）" 列表中第一个就是黄色发光二极管，如图 8-8 所示。双击该器件，将其添加到对象选择器。

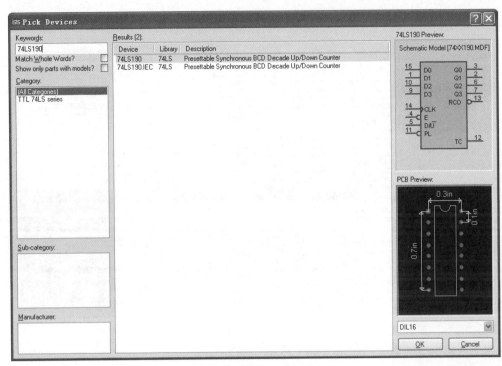

图 8-7　添加 74LS190

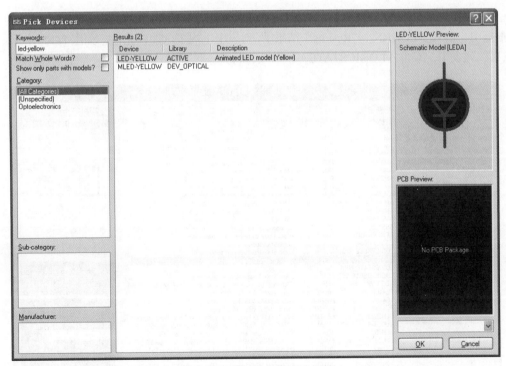

图 8-8　添加黄色发光二极管

❸ 添加电阻　打开"Pick Devices"对话框，在"Keywords（关键字）"文本框中，输入"resistors 220r"，"Results（结果）"列表中出现多只电阻，如图 8-9 所示。在"结果"列表中，双击"……220R 0.6W……"电阻，将其添加到对象选择器。

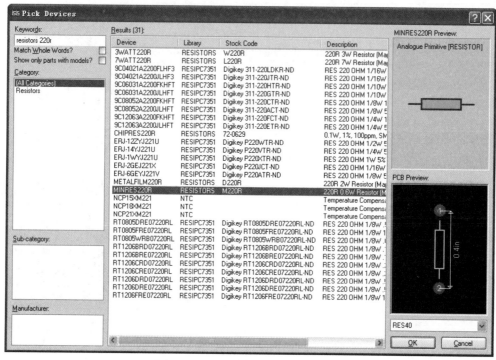

图 8-9　添加 "220R 0.6W" 电阻

❹ 添加 "逻辑状态" 调试元件　打开 "Pick Devices" 对话框，在 "Keywords（关键字）" 文本框中，输入 "LOGIC"，"Results（结果）" 列表中出现多个调试元件，如图 8-10 所示。在 "结果" 列表中，双击 "LOGICSTATE……" 项，将其添加到对象选择器。

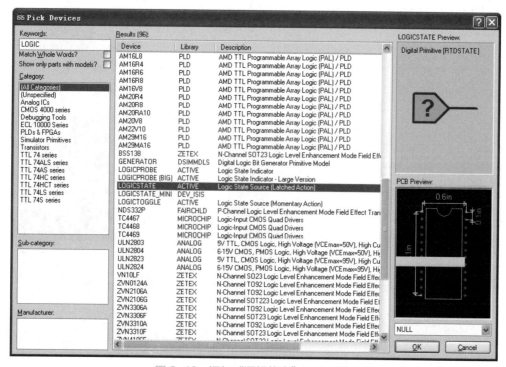

图 8-10　添加 "逻辑状态" 调试元件

至目前为止，对象选择器中已有四个元器件，这四个元器件就是本例中涉及的元器件——计数器（74LS190）、黄色发光二极管（LED-YELLOW）、0.6W 220Ω 电阻（MINRES220R）和"逻辑状态"调试元件（LOGICSTATE），如图 8-11 所示。

（3）放置元件

❶ 先放计数器 74LS190　放置元件是将对象选择器中的元器件放到原理图编辑区。在对象选择器中，单击"74LS190"，然后将光标移入原理图编辑区，在任意位置单击鼠标左键，即可出现一个随光标浮动的元器件原理图符号。移动光标到适当的位置单击鼠标左键即可完成该元件的放置，如图 8-12 所示。

图 8-11　对象选择器中的元器件列表

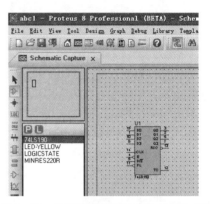
图 8-12　放置好的计数器 74LS190 符号

❷ 器件的移动、旋转和删除　用鼠标右键单击计数器 74LS190，弹出如图 8-13 所示的快捷菜单。此快捷菜单中有移动、以各种方式旋转和删除等命令。根据需要用这些命令把元器件以适当的状态放到图中适当位置，本例中 74LS190 只需移到适当的位置即可。

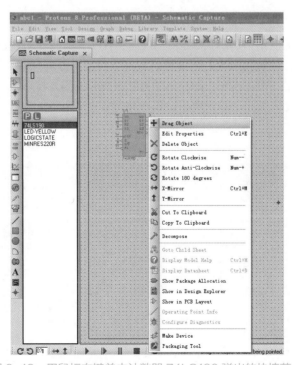
图 8-13　用鼠标右键单击计数器 74LS190 弹出的快捷菜单

用类似的方法可以把发光二极管、电阻和"逻辑状态"调试元件也以适当的状态放到图中适当的位置。

（4）放置电源和地

单击部件工具栏中的终端按钮▤，则在对象选择器中显示各种终端。从中选择"POWER"终端，可在预览窗口中看到电源的符号，如图 8-14 所示。

用上面介绍的方法将此符号放到原理图的适当位置。需要"地"的符号时，则选"GROUND"项。在电源终端符号上双击鼠标左键，在弹出的"Edit Terminnal Label"对话框内"String"文本框中输入"VCC"，如图 8-15 所示。最后单击"OK"按钮完成电源终端的放置。

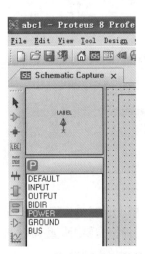

图 8-14 预览窗口中电源的符号

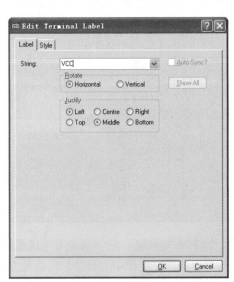

图 8-15 电源符号的放置

（5）连线

将光标靠近一个对象的引脚末端，该处将自动出现一个红色小方块▰。单击左键，拖动鼠标，放在另一个对象的引脚末端，该处再出现一个红色小方块▰时，单击左键，就可以在上述两个引脚末端画出一根连线来。如在拖动鼠标画线时，需要拐弯，只需在拐弯处单击左键一下即可。连线工作完成后的电路原理图如图 8-16 所示。

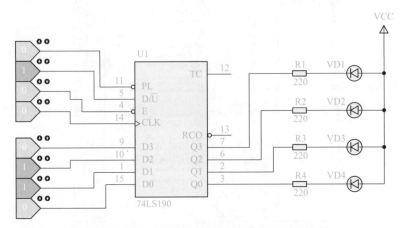

图 8-16 连线工作完成后的电路原理图

（6）设置、修改元件属性

在需要修改其属性的元器件上，双击鼠标左键，即可弹出"Edit Component（编辑元件）"对话框，在此对话框中设置或修改元件属性。例如，修改图中 R1 电阻的阻值为 470R，如图 8-17 所示。

图 8-17　修改元件属性

（7）电气规则检查

设计完电路原理图后，单击菜单"Toll（工具）"→"Electrical Rules Check（电气规则检查）"命令，则弹出如图 8-18 所示的电气规则检查结果对话框。如果电气规则无误，则系统会给出"No ERC errors found."的信息。如果电气规则有误，则系统会给出"ERC errors found."的信息，并指出错误所在。图 8-18 给出"No ERC errors found."的信息，表明电气规则无误。

```
ELECTRICAL RULES CHECK - Schematic Capture

#I:ISIS Release 8.00.00 (Build 15417) (C) Labcenter Electronics 1990- 2012.
#I:Compiling design 'E:\工程实例2\Proteus 仿真软件文件夹\PROTEUS仿真文件夹\abc1.pdsprj'.
%C=0002,00000003

ELECTRICAL RULES CHECK
======================
Design:   abc1.pdsprj
Doc. no.: <NONE>
Revision: <NONE>
Author:   <NONE>
Created:  2015-2-5
Modified: 2015-2-5


Netlist generated OK.
No ERC errors found.




        Clipboard              Save As              Close
```

图 8-18　电气规则检查结果对话框

（8）仿真运行

电路原理图画好并检查通过后，就可以仿真运行。单击图形左下方四个仿真按钮中的第一个运行仿真按钮，系统会启动仿真，仿真效果如图 8-19 所示。

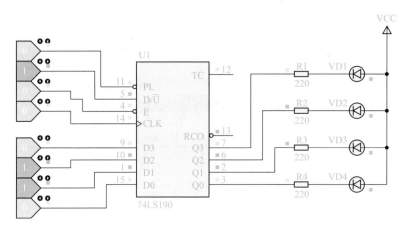

图 8-19　十进制同步可逆计数器 74LS190 功能测试效果图

（9）文件的保存

电路原理图画完后应保存起来，如果在前面已输入了保存文件名（其扩展名是 pdsprj），单击"Files（文件）"→"Save Project（保存设计）"命令即可，或者单击一下保存图标█也可。

至此，完成了一个简单的原理图的设计。

· 8.4 ·
Proteus ISIS 原理图设计中若干注意事项

（1）设定图纸大小

在画图之前，一般要设定图纸大小。Proteus ISIS 默认的图纸尺寸是 A4。如要改变这个图纸尺寸，比如要改为A3，可执行菜单命令，"System（系统）"→"Set Sheet Size（设计图纸大小）"，在弹出的"Sheet Size Configuration"对话框内 A3 后的复选框中，用鼠标左键点一下，选中，最后单击"OK"按钮即可，如图 8-20 所示。

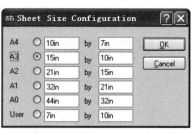

图 8-20　图纸尺寸选择对话框

（2）设定网格单位和去掉网格

如图 8-21 所示，单击菜单"View（查看）"→"Snap 0.1in"命令可将网格单位设定为 100th（0.1in=100th，1in=254mm）。若需要对元件做更精确的移动，可将网格单位设定为 50th 或 10th。

有时候，画好的原理图中不需要看到网格，如何去掉网格呢？很简单，只需在图 8-21 中，单击一下"▦"，原理图中就看不到网格。再单击一下"▦"，就又可以看到网格。

（3）去掉图纸上的 <TEXT>

画好原理图后，图纸上所有元件的旁边都会出现 <TEXT>，这时可单击"Template（模板）"→"Set Design Defaults（设置设计默认值）"菜单，在打开的"Edit Design Defaults"窗口中将"Show hidden text（显示隐藏文本）？"

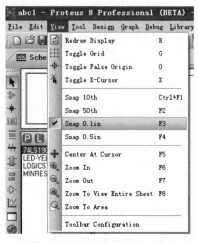

图 8-21　网格单位的设定

后面的勾选取消，再单击一下窗口中的"OK"按钮，即可快速隐藏所有<TEXT>。

（4）电路原理图画好后，去掉对象选择器中不用的元器件

在设计电路原理图的过程中，有时对象选择器中多选了元器件，画图时并没有用，或者起先用过，后来删掉了。现在想把这些未用的元器件从对象选择器中去掉，有两种办法。一种方法是，一个一个地删。把光标移到对象选择器中待删元件名称上，用右键单击一下，在弹出的对话框内选择"Delete（删除）"，再单击一下"OK"按钮就可把待删元件删除。另一种方法是，批量地删。把光标移到对象选择器中空白处，用右键单击一下，在弹出的对话框（如图8-22所示）内选择"Tidy（整理）"，再单击一下"OK"按钮就可把对象选择器中所有不用的元器件同时删除。

（5）用新元件代替电路原理图中的旧元器件

电路原理图画好后，有时出于调试的需要，要把某一元器件换掉。方法如下。从对象选择器中选取新元器件，移动鼠标，使新元器件跟着移动，放到待更换的旧元器件上面，使两者上下左右都对齐，单击左键，在弹出的对话框内选择"OK"按钮，新元件就可把电路原理图中的旧元器件代替。假如要用如图8-23所示的芯片74LS161替换如图8-24所示原理图中的74LS160，先把74LS161放在74LS160的位置并对齐，单击左键，在弹出的（如图8-25所示）"Replace Component（替换器件）？"对话窗口内选择"OK"按钮，就替换完成。有一点要注意：在替换之前，代换元器件的引脚排列要和被代换元器件一致。另外，ISIS在替换元件的同时将保留电路替换前的连线方式。

图8-22　对象选择器中弹出的对话框

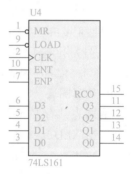

图8-23　芯片74LS161

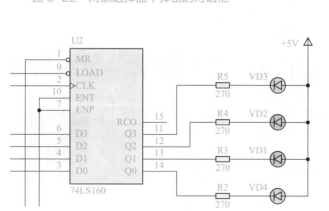

图8-24　原理图中的74LS160

图8-25　"Replace Component（替换器件）？"对话窗口

· 8.5 ·

Proteus VSM 仿真工具

通过 Proteus ISIS 软件的 VSM（虚拟仿真技术），用户可以对模拟电路、数字电路以及单片机系统连同所有外围接口电路一起仿真。为了达到这一目的，Proteus ISIS 软件配备了探针、虚拟仪器、信号源（又称激励源）和仿真图表等仿真工具。以下对这些仿真工具作简要介绍。

（1）探针

探针共有 3 种：电压探针、电流探针和磁带探针。探针在电路仿真时被用来记录它所连接的网路的状态。

（2）虚拟仪器

虚拟仪器共有 13 种。它们是示波器（OSCILLOSCOPE）、逻辑分析仪（LOGIC ANALYSER）、定时 / 计数器（COUNTER TIMER）、虚拟终端（VIRTUAL TERMINAL）、SPI 调试器（SPI DEBUGGER）、I2C 调试器（I2C DEBUGGER）、信号发生器（SIGNAL GENERATOR）、模式发生器（PATTERN GENERATOR）、直流电压表（DC VOLTMETER）、直流电流表（DC AMMETER）、交流电压表（AC VOLTMETER）、交流电流表（AC AMMETER）、功率计（WATTMETER）。

（3）信号源（又称激励源）

激励源共有 14 种。它们是直流电压源（DC）、正弦信号源（SINE）、脉冲信号源（PULSE）、指数波形信号源（EXP）、频率调制信号（SFFM）、手工勾画任意波形（PWLIN）、数据文件波形（FILE）、声频信号发生器（AUDIO）、数字单稳态逻辑电平发生器（DSTATE）、单边沿信号发生器（DEDGE）、单周期数字脉冲发生器（DPULSE）、数字时钟信号发生器（DCLOCK）、数字序列信号发生器（DPATTERN）、可定义波形的信号发生器（SCRIPTABLE）。

（4）仿真图表

仿真图表共有 13 种。它们是模拟图表（ANALOGUE）、数字图表（DIGITAL）、混合模式图表（MIXED）、频率图表（FREQUENCY）、转移特性分析图表（TRANSFER）、噪声分析图表（NOISE）、失真分析图表（DISTORTION）、傅里叶分析图表（FOURIER）、音频图表（AUDIO）、交互式分析图表（INTERACTIVE）、一致性能分析图表（CONFORMANCE）、直流扫描分析图表（DC SWEEP）、交流扫描分析图表（AC SWEEP）。

以下在这些仿真工具中选几种常用的作简要介绍。

（1）示波器（OSCILLOSCOPE）

示波器是虚拟仪器的一种。单击工具栏中的虚拟仪器按钮，在弹出的"INSTRUMENTS"窗口中，单击"OSCILLOSCOPE"，再在电路原理图编辑窗口中单击，添加示波器，虚拟示波器图标如图 8-26 所示。将示波器和被测点连接好，并单击运行按钮后，将弹出虚拟示波器界面，如图 8-27 所示。

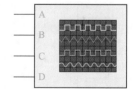

图 8-26　虚拟示波器图标

❶ 示波器的功能。

a. 4 通道 A、B、C、D 的波形分别用黄、蓝、红、绿表示。

b. 2mV/div ～ 20V/div（div 表示格）的可调增益。

c. 扫描速度为 0.5μs/div ～ 200s/div。

d. 可选择 4 通道中的任一通道作为同步源。

e. 交流或直流输入。

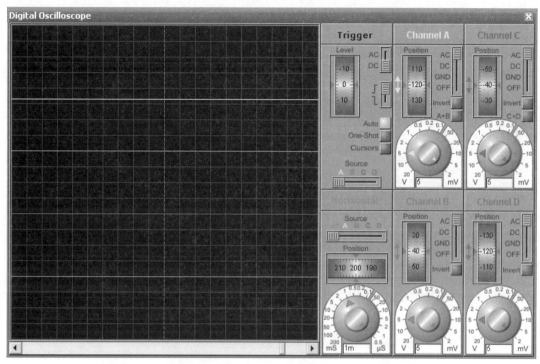

图 8-27　虚拟示波器界面

❷ 示波器的应用。

虚拟示波器和真实示波器的使用方法类似。

a. 按照电路属性设置扫描速度，用户可以看到所测量电路的波形。

b. 如果被测信号有交流分量，则在相应的输入通道选择 AC（交流）工作方式。

c. 调整增益，以便在示波器上显示适当大小的波形。

d. 调节垂直位移滑轮，以便在示波器上显示适当位置的波形。

e. 拨动相应的通道定位选择按钮，再调节水平定位和垂直定位，以便观察波形。

❸ 示波器的工作方式。

虚拟示波器有三种工作方式。

a. 单踪工作方式。

b. 双踪工作方式。

c. 叠加工作方式。

❹ 示波器的触发。

虚拟示波器具有自动触发功能，使得输入波形可以和时基同步。

a. 可以在 A、B、C、D 4 通道中选择任一通道作为触发器。

b. 触发旋钮的刻度表 360° 循环可调，以方便操作。

c. 每个输入通道可以选择 DC（直流）、AC（交流）、接地三种方式，并可选择 OFF 将其关闭。

d. 设置触发方式为上升时，触发范围为上升的电压；设置触发方式为下降时，触发范围为下降的电压。如果超过一个时基的时间内没有触发发生，将会自动扫描。

（2）电压表（VOLTMETER）和电流表（AMMETER）

Proteus ISIS 提供了直流电压表（DC VOLTMETER）、直流电流表（DC AMMETER）、交

流电压表（AC VOLTMETER）和交流电流表（AC AMMETER）。这些虚拟的交流、直流电压表和电流表可直接连接到电路中进行电压或电流的测量。

电压表和电流表的使用步骤如下：

❶ 单击工具栏中的虚拟仪器按钮，在弹出的"INSTRUMENTS"窗口中，单击 DC VOLTMETER、DC AMMETER、AC VOLTMETER 或 AC AMMETER，再在电路原理图编辑窗口中单击，将电压表和电流表添加到原理图编辑窗口中去，如图 8-28 所示。根据需要将电压表和电流表与被测电路连接好。

图 8-28　虚拟交直流电压表和电流表

❷ 用鼠标左键双击电压表或电流表，打开电压表或电流表编辑对话框。如图 8-29 所示，这里是一个编辑直流电压表对话框。根据测量要求，设置相应选项。

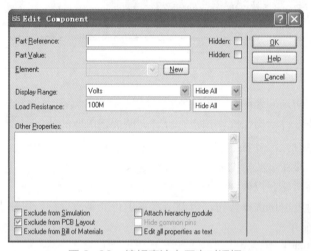

图 8-29　编辑直流电压表对话框

选择不同的电压表或电流表时，其对话框也有所不同。如编辑直流电压表对话框有设置内阻一项，编辑直流电流表对话框就没有；编辑交流电压表对话框有时间常数（Time Constant）一项，编辑直流电压表对话框就没有。电压表的显示单位有伏特（Volts）、毫伏（Millivolts）和微伏（Microvolts），电流表的显示单位有安培（Amps）、毫安（Milliamps）和微安（Microamps）。

❸ 退出编辑对话框，单击仿真按钮，即可进行电压或电流的测量。

· 8.6 ·

用 Proteus 软件测试数字集成电路的方法

假设我们现在要使用一个陌生的数字集成电路芯片，若采用传统的测试数字集成电路功能的方法时要分以下步骤：

❶ 使用集成电路前，要了解该集成电路的功能、内部结构、电特性、外形封装以及功能表或真值表等（必要时要从网上下载详细介绍该芯片性能的 PDF 文件），使用时各项电性能参数不得超出该集成电路所允许的最大使用范围。

❷ 购买该数字集成电路芯片，画出测试该数字集成电路基本特性的电路原理图，在实验电路板（俗称面包板）上或印刷电路板上照图搭出实际电路，加上直流电源，还需要万用表、示波器和信号发生器等测试仪器的配合才能完成对该数字集成电路芯片的性能测试。

❸ 把该数字集成电路芯片用到开发的系统中。

若采用 Proteus 软件来测试数字集成电路，上述❷就可以简化。具体是这样：无需一开始就购买数字集成电路芯片，只需在计算机（电脑）上的 Proteus 软件环境下，画出测试该数字集成电路基本特性的电路原理图，再通过点击鼠标来设定数字集成电路高低电平的输入，立即就可显示该数字集成电路应有的输出。这种调试方法还有一大优点，无需实际的万用表、示波器和信号发生器等测试仪器的配合，用同样在电脑上的虚拟示波器、虚拟信号发生器和虚拟电流电压表就可以。这种调试方法方便、迅速，虽属"纸上谈兵"，但调试效果却并不比用"真刀真枪"调试差。以下举 3 个例子说明测试数字集成电路功能的步骤和方法。

8.6.1　8 输入与非门 CD4068 功能测试

（1）CD4068 简介

查数字集成电路手册，知 CD4068 是 CMOS 4000 系列集成电路中 8 输入与非 / 与门电路，其逻辑表达式为：$Y=\overline{ABCDEFGH}$，$W=ABCDEFGH$。CD4068 的引脚排列如图 8-30 所示。用 Proteus 画的 CD4068 芯片功能测试图如图 8-31 所示。

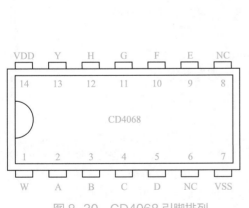

图 8-30　CD4068 引脚排列

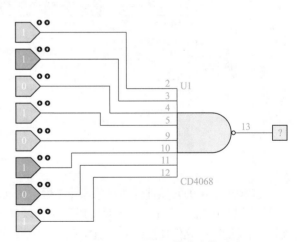

图 8-31　CD4068 芯片功能测试图

在画图 8-31 时，首先要做的是把 CD4068 芯片从元件库中选择出来。方法如下。单击对象选择器窗口上方的"P"按钮，弹出"Pick Devices"对话框。在对话框"类别"下，单击"CMOS 4000 series"项，会显示出 CMOS 4000 系列的芯片列表，从列表中找到"4068"项后，双击，"4068"芯片就被选到对象选择器中了，如图 8-32 所示。

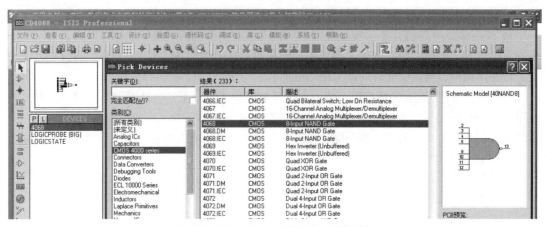

图 8-32　把 CD4068 芯片选入对象选择器

接下来，把图中需要的"逻辑状态"调试元件▷°°或▷°-和"逻辑探针"调试元件-□选到对象选择器中。方法如下。单击对象选择器窗口上方的"P"按钮，弹出"Pick Devices"对话框。在对话框"类别"下，单击"Debugging Tools"项，会显示出调试工具列表，从列表中找到"LOGICPROBE[BIG]"项后，双击，"LOGICPROBE[BIG]"就被选到对象选择器中了，如图 8-33 所示。用同样的方法，可以把"LOGICSTATE"选到对象选择器中。此外，在图 8-33中的"关键字"文本框中，输入"LOGIC"，在结果栏也可以找到"LOGICPROBE[BIG]"和"LOGICSTATE"这两个调试工具。

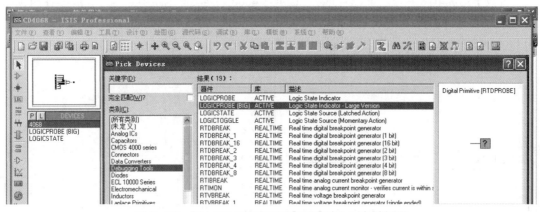

图 8-33　把 LOGICPROBE[BIG] 选入对象选择器

把图中要用的元器件选到对象选择器后，用前面已介绍过的方法，将这些元器件一一绘制到图形编辑区适当位置，放置时要用移动、以各种方式旋转和删除等命令调整好元器件。最后，用线把这些元件连接起来，CD4068 芯片功能测试图就完成了，如图 8-31 所示。

（2）CD4068 芯片功能测试

CD4068 芯片功能测试检测 8 输入与非门电路的输入和输出关系。首先，我们给如图 8-34所示 8 个输入端加不同的电平——只要在"逻辑探针"调试元件上用鼠标左键单击一下，"逻辑探针"就会由红（1，代表高电位）变蓝（0，代表低电位）或由蓝变红，然后单击 Proteus图屏幕左下角的运行键，系统开始运行，出现如图 8-35 所示的 CD4068 芯片功能测试结果图1。从图可见，CD4068 芯片的输出为高电位"1"。再给 CD4068 芯片的 8 个输入端送不同的电平，发现输出不变，仍为高电位"1"。

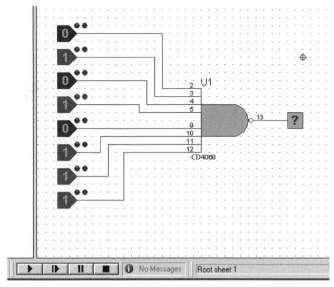

图 8-34 CD4068 芯片功能测试图及仿真按钮

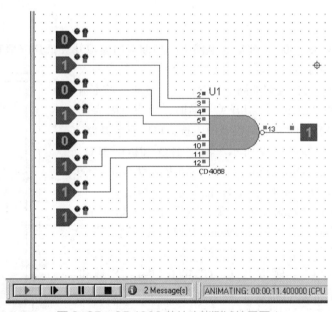

图 8-35 CD4068 芯片功能测试结果图 1

只有给 CD4068 芯片的 8 个输入端全送高电平时，输出才为低电位"0"，如图 8-36 所示。

小结 根据对 8 输入与非门电路 CD4068 芯片功能测试，确定：CD4068 的 8 个输入端只要有一个输入低电平，输出就为高电平；只有所有 8 个输入端都输入高电平，输出端才能输出低电平"0"。另外，有一点值得注意，CD4068 的 Proteus 图上只有 8 输入与非门 Y，而没有 8 输入与门 W，实际的 CD4068 芯片上 Y 和 W 是都有的。

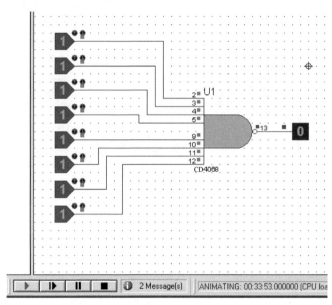

图 8-36 　CD4068 芯片功能测试结果图 2

8.6.2　多路开关 CD4066 功能测试

（1）CD4066 简介

CD4066 是 CMOS 4000 系列集成电路中一种四双向模拟开关，其内部有 4 个独立的模拟开关，每个模拟开关有输入、输出、控制三个端子，其中输入端和输出端可互换。当控制端加高电平时，开关导通；当控制端加低电平时，开关截止。模拟开关导通时，导通电阻为几十欧姆；模拟开关截止时，呈现很高的阻抗，可以看为开路。CD4066 的引脚排列如图 8-37 所示。图中 1I/O、2I/O、3I/O、4I/O 为 4 个输入端，1O/I、2O/I、3O/I、4O/I 依次为 4 个对应输出端，1CTL、2CTL、3CTL、4CTL 依次为 4 个控制端。

用 Proteus 画的 CD4066 芯片功能测试图如图 8-38 所示。图中芯片的引脚名称与图 8-37 CD4066 引脚名称不同，这里 X 为输入端，Y 为输入端，C 为控制端。图中 U2:A、U2:B、U2:C、U2:D 是 4 个电子模拟开关。CD4066 的 4 个 X 脚和 4 个控制端 C 都和 "逻辑状态" 调试元件 或 连接，CD4066 的 4 个 Y 脚通过限流电阻分别和 4 只发光二极管负极连接。4 只发光二极管正极和正电源连接。当 Y 端输出低电位时，与之连接的发光二极管就会点亮。

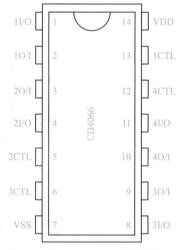

图 8-37 　CD4066 引脚排列图

（2）CD4066 芯片功能测试

首先，我们给 CD4066 芯片的 4 个输入端送 "0101"，给 4 个控制端送 "0000"，然后单击 Proteus 图屏幕左下角的运行键，系统开始运行，出现如图 8-39 所示的 CD4066 芯片功能测试结果图 1。从图可见，CD4066 芯片的输出 Y 上的发光二极管没有变化，仍不亮。这表明，当 CD4066 芯片的 4 个控制端为低电位 "0" 时，4 个模拟开关都不导通。

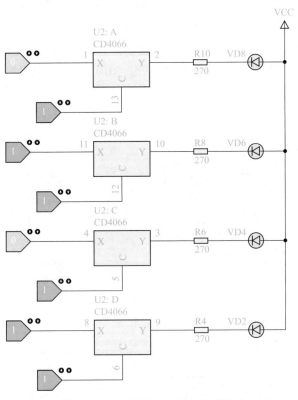

图 8-38 CD4066 芯片功能测试图

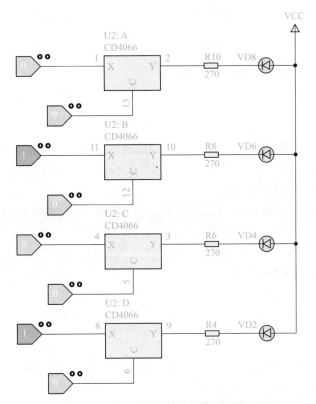

图 8-39 CD4066 芯片功能测试结果图 1

其次，我们仍给 CD4066 芯片的 4 个输入端送 "0101"，给 4 个控制端送 "1111"，将出现如图 8-40 所示的 CD4066 芯片功能测试结果图 2。从图可见，CD4066 芯片的输出 Y 上的发光二极管呈 "0101" 状态（亮为 0，不亮为 1）。这表明，当 CD4066 芯片的 4 个控制端均为高电位 "1" 时，4 个模拟开关都导通，并把输入的状态 "0101" 直接传到输出上，使输出和输入状态相同。

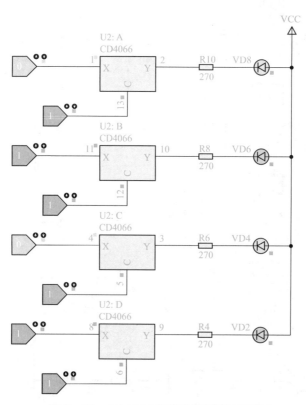

图 8-40　CD4066 芯片功能测试结果图 2

> **小结**　　根据对四双向模拟开关 CD4066 芯片功能测试，确定：当 CD4066 的四双向模拟开关中某一控制端为低电位时，对应的双向模拟开关不导通；当 CD4066 的某一控制端为高电位时，对应的双向模拟开关导通。
>
> 　　值得注意的是：凡属 CMOS 4000 系列的集成电路器件，因为输出的高、低电平电流很小（都小于 1mA），在实际使用中不能直接驱动发光二极管显示。测试时除了本例介绍的 Proteus 软件方法（既可以驱动发光二极管，也可以接 "逻辑探针" 调试元件）外，只能用万用表或示波器测量输出端电位的高低。

8.6.3　十进制同步可逆计数器 74LS190 功能测试

（1）74LS190 简介

74LS190 是一种 4 位十进制同步可逆计数器，所谓 "可逆" 是指既能作加法计数，又能作减法计数。74LS190 作加法计数时的状态转换为：

$$0000 \rightarrow 0001 \rightarrow 0010 \rightarrow 0011 \rightarrow 0100$$
$$\uparrow \qquad\qquad\qquad\qquad\qquad \downarrow$$
$$1001 \leftarrow 1000 \leftarrow 0111 \leftarrow 0110 \leftarrow 0101$$

从状态转换中可以看出，每一个计数脉冲使计数器输出加 1，加到最大值 1001（十进制的 9）后，再从 0000 开始，如此重复。74LS190 作减法计数时的状态转换为：

$$0000 \leftarrow 0001 \leftarrow 0010 \leftarrow 0011 \leftarrow 0100$$
$$\downarrow \qquad\qquad\qquad\qquad\qquad \uparrow$$
$$1001 \rightarrow 1000 \rightarrow 0111 \rightarrow 0110 \rightarrow 0101$$

从状态转换中可以看出，每一个计数脉冲使计数器输出减 1，减到最小值 0000 后，再从 1001（十进制的 9）开始减，如此重复。比较两种状态，发现两者除箭头方向相反外，其余都相同。

图 8-41 是 74LS190 计数器引脚排列图。其中，LD 是异步预置数控制端；D_3、D_2、D_1、D_0 是预置数输入端；EN 是使能端，低电平有效；$D/\overline{U}$ 是加 / 减控制端，为 0 时作加法计数，为 1 时作减法计数；MAX/MIN 是最大 / 最小控制端；RCO 是进位 / 借位输出端。表 8-5 是 74LS190 计数器功能表。图 8-23 是 Proteus 软件画的 74LS190 芯片功能测试图。

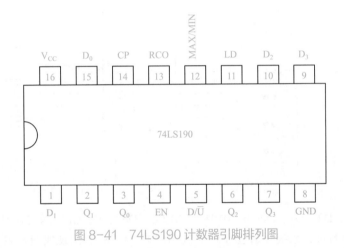

图 8-41　74LS190 计数器引脚排列图

表8-5　74LS190计数器功能表

预置 LD	使能 EN	加/减控制 $D/\overline{U}$	时钟 CP	预置数据输入 $D_3D_2D_1D_0$	输出 $Q_3Q_2Q_1Q_0$	工作模式
0	×	×	×	$d_3\, d_2\, d_1\, d_0$	$d_3\, d_2\, d_1\, d_0$	异步置数
1	1	×	×	× × × ×	保持	数据保持
1	0	0	↑	× × × ×	加法计数	加法计数
1	0	1	↑	× × × ×	减法计数	减法计数

由表 8-1 可以看出，74LS190 计数器有异步置数、数据保持及加法和减法计数三大功能。

❶ 异步置数。当 LD=0 时，不管其他输入端的状态如何，有无时钟脉冲（CP），并行输入端的数据 $d_3d_2d_1d_0$ 都被置入计数器的输出端，即 $Q_3Q_2Q_1Q_0=d_3d_2d_1d_0$。由于这个操作不受 CP 控制，所以称为异步置数。该计数器无清零端，需清零时可用预置数的方法实现——预置 0。

❷ 数据保持。当 LD=1 且 EN=1 时，计数器保持原来的状态不变。

❸ 加法和减法计数。当 LD=1 且 EN=0 时，在 CP 端输入计数脉冲，计数器进行十进制计

数。当 D/$\overline{\text{U}}$=0 时作加法计数，当 D/$\overline{\text{U}}$=1 时作减法计数。

另外，该电路还有最大 / 最小控制端（MAX/MIN）和进位 / 借位输出端（RCO）。它们的作用是：当加法计数计到最大值 1001 时，MAX/MIN 端输出 1，如果 CP=0，则 RCO=0，发一个进位信号；当减法计数计到最小值 0000 时，MAX/MIN 端也输出 1，如果此时 CP=0，则 RCO=0，发一个借位信号。

（2）74LS190 功能测试

在图 8-42 中，74LS190 的 PL、D/$\overline{\text{U}}$、E、CLK 和 D3、D2、D1、D0 接 "逻辑状态" 调试元件（其中 PL、E、CLK 相当于图 8-22 中 74LS190 的 LD、EN、CP，D3、D2、D1、D0 相当于图 8-22 中 74LS190 的 D_3、D_2、D_1、D_0），Q3、Q2、Q1、Q0（相当于图 8-41 中 74LS190 的 Q_3、Q_2、Q_1、Q_0）输出通过各自的限流电阻接发光二极管。发光二极管的负端接限流电阻，正端接正电源。当输出端为低电位时，发光二极管负极接低电位，发光二极管亮。当输出端为高电位时，发光二极管不亮。

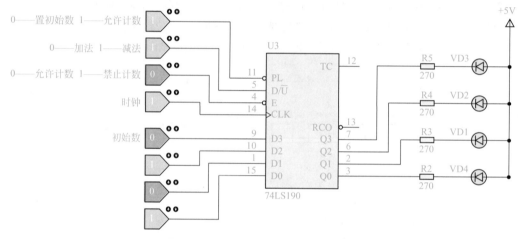

图 8-42　74LS190 芯片功能测试图

首先，给 D3、D2、D1、D0 送 "0101"，给 PL、D/$\overline{\text{U}}$、E、CLK 送 "1001"，单击 Proteus 图屏幕左下角的运行键，系统开始运行，使 PL 由 "1" 变 "0"，出现如图 8-43 所示的 74LS190 芯片功能测试结果图 1。从图可见，此时，输出 Q3 和 Q1 上接的发光二极管亮，其余发光二极管不亮。这和预置数输入端的 "0101" 是一致的。这表明当 PL=0 时，不管其他输入端的状态如何，并行输入端的数据 "0101" 都被置入计数器的输出端，即 Q3Q2Q1Q0=0101。

其次，在图 8-43 的基础上，使 CLK 由 "1" 变 "0"，再由 "0" 变 "1"，每这么操作一次相当于输入一个脉冲，将出现如图 8-44 所示的 74LS190 芯片功能测试结果图 2。从图可见，此时，输出 Q2 和 Q1 上接的发光二极管亮，其余发光二极管不亮，灯所代表的数字是 9（灯亮是 0，灯灭是 1）。原预置数是 "0101"，即十进制的 5，现在是 9，表明刚才输入 4 个脉冲到 CLK 脚。假如，现在再给 CLK 送一个脉冲，4 个灯全亮，呈现数字是 "0000"。这表明 74LS190 计数器计到最大值 "1001"（十进制的 9）后，便再从 0000 开始计数。如果继续给 CLK 送脉冲，该计数器会重复 0 到 9 这一过程。

再次，在图 8-44 的基础上，使 D/$\overline{\text{U}}$ 由 "0" 变 "1"（表示要用减法计数），再使 CLK 由 "1" 变 "0"，由 "0" 变 "1"，每这么操作一次相当于输入一个脉冲，将出现如图 8-45 所示的 74LS190 芯片功能测试结果图 3。从图可见，此时，输出 Q3 上接的发光二极管不亮，其余发光二极管都亮，灯所代表的数字是 8（灯亮是 0，灯灭是 1）。上次灯表示的数是 9，现在是 8，

9-1=8，表明刚才输入 1 个脉冲信号给 CLK 脚，使计数器作减 1 计数。此时如果继续给 CLK 送脉冲，该计数器会继续作减 1 计数，到 "0000" 后，下一个数是 "1001"，再重复 9 到 0 这一过程。

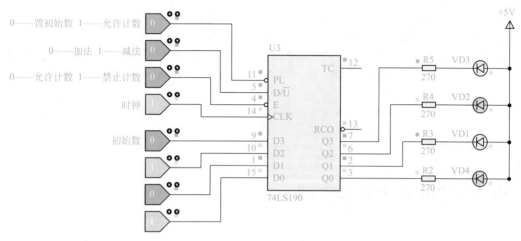

图 8-43 74LS190 芯片功能测试结果图 1

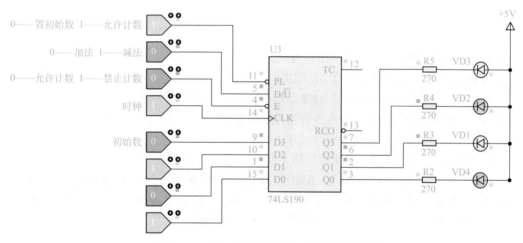

图 8-44 74LS190 芯片功能测试结果图 2

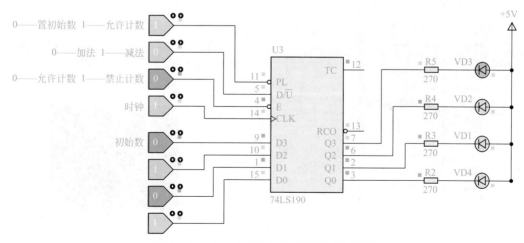

图 8-45 74LS190 芯片功能测试结果图 3

小结　根据对 74LS190 芯片功能测试，确定 74LS190 有以下 3 个功能。

❶ 异步置数。当 LD=0 时，不管其他输入端的状态如何，并行输入端的数据 $d_3d_2d_1d_0$（只限 0～9 的数）都将被置入计数器的输出端，即 Q3Q2Q1Q0= D3D2D1D0。

❷ 数据保持。当 LD=1 且 EN=1 时，计数器保持原来的状态不变。

❸ 加法和减法计数。当 LD=1 且 EN=0 时，在 CP 端输入计数脉冲，计数器进行十进制（0～9）计数。当 D/$\overline{U}$=0 时作加法计数；当 D/$\overline{U}$=1 时作减法计数。而这两种计数方法，与前面介绍过的各自状态转换一致。

· 8.7 ·
Proteus 软件中的数字图表仿真

在 Proteus 软件中，对模拟信号用模拟图表仿真，对数字信号用数字图表仿真。数字图表显示的就像逻辑分析仪一样，以 X 轴为时间轴，Y 轴显示垂直方向信号的积累，这个信号可以是单个的位数据，也可以是总线信号。数字图表分析又称为数字暂稳态分析。数字暂稳态分析只考虑离散逻辑。

对数字电路使用数字图表仿真的步骤大致为：

❶ 用 Proteus 软件绘出待仿真的电路原理图。

❷ 为电路添加特定频率和幅度的时钟信号（如果需要的话）。

❸ 为了方便观察信号，在电路适当的地方添加电压探针。

❹ 在图上放置数字图表并设置属性。方法如下：

a. 在电路图上单击标志🖾，将出现如图 8-46 所示的选择图。

b. 在图 8-46 上单击 "DIGITAL"，在图纸空白处，用鼠标画一个方框，如图 8-47 所示。

c. 单击方框的框边，将图形放大为满屏。执行 Graph → Edit Graph，将出现如图 8-48 所示的对话框。将结束时间（Stop Time）设置好后，单击 "OK"。

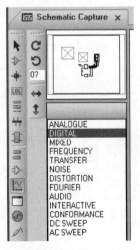

图 8-46　选择数字图表仿真 "DIGITAL"

图 8-47　一个待设定的数字分析图表

图 8-48　仿真时间起止设置对话框

d. 执行 Graph → Add Transient Traces，将出现如图 8-49 所示的对话框。将待观察的电压探针名称填入，添加好后，单击"OK"。

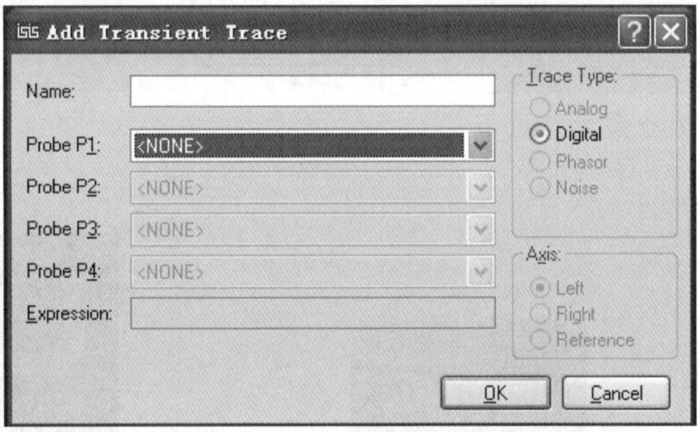

图 8-49　加入待观察轨迹对话框

e. 执行 Graph → Simulate Graph，一个数字图表就会显示出来。

下面以模 5 计数器功能测试为例进行介绍。

模 5 计数器是计数值最大为 4 的计数电路，它具有自动复位功能。由 74LS393 构成的模 5 计数器电路原理如图 8-50 所示，图中 CLK 端加频率为 1Hz 的方波时钟信号。该电路所需的元器件如表 8-6 所示。

表8-6　模5计数器所需的元器件

库元件	说明	库元件	说明
74LS393	2个四位二进制计数器	74LS08	2个两输入的与门
7 SEG-BCD	七段 BCD数码管	CLK激励源	Low-High-Low，频率1Hz

添加 5 个电压探针，分别命名为 Q0、Q1、Q2、Q3 和 RESET，如图 8-51 所示。

单击交互式仿真运行按钮，可以观察到数码管的值从 0 到 4 循环显示，完成模 5 的计数器功能，如图 8-51 所示。

由绘图模式，选择"DIGITAL"，放置数字图表并设置属性，属性对话框参数设置如图 8-52 所示。将图 8-50 中的"DIGITAL ANALYSIS"图放大，执行 Graph → Simulate Graph，将显示出数字分析图，如图 8-53 所示。

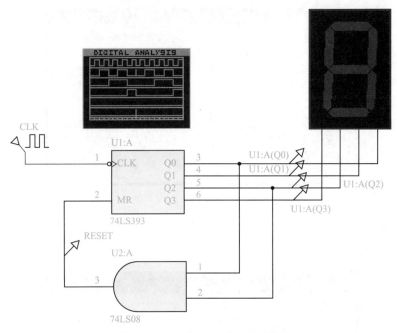

图 8-50　模 5 计数器电路原理图

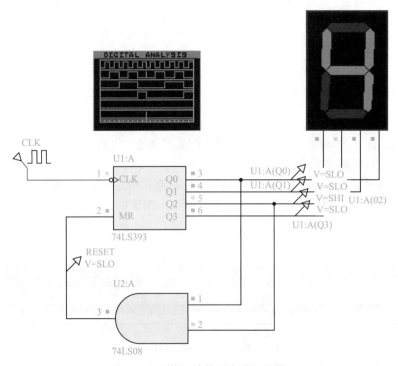

图 8-51　模 5 计数器电路运行图

在生成的数字图表中，每个信号系统有可能出现 6 种逻辑电平，各逻辑电平代表的含义如表 8-7 所示。

表8-7 6种逻辑电平表

逻辑状态	关键字	表示符号
Strong High	SHI	逻辑高电平，青绿色
Weak High	WHI	逻辑高电平，蓝色
Floating	FLT	浮动电平（中间电平），白色
Connection	CON	中间电平，黄色
Weak Low	WLO	逻辑低电平，蓝色
Strong Low	SLO	逻辑低电平，青绿色

测试数字图表中逻辑电平的方法主要有以下两种：

❶ 观察颜色。

❷ 用基准指针测试，此时轨迹线名称处会显示逻辑状态，这时可以观察所有轨迹线的电平情况，如图 8-54 所示，CLK Q0 Q1 Q2 Q3 RESET=HHHLLL（111000）。

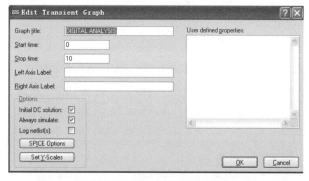

图 8-52 数字图表属性对话框

图 8-53 模 5 计数器的数字图表仿真导线信号图

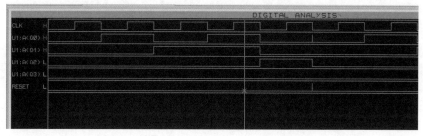

图 8-54 观察所有轨迹线的逻辑电平

参考文献

［1］闫石. 数字电子技术基础［M］. 5 版. 北京：高等教育出版社，2006.

［2］闫石. 数字电子技术基础（上册）［M］. 北京：人民教育出版社，1981.

［3］刘春华. 经典电子电路 300 例［M］. 北京：中国电力出版社，2015.

［4］上海市业余工业大学. 晶体管开关电路［M］. 北京：科学出版社，1972.

［5］门宏. 晶体管实用电路解读［M］. 北京：化学工业出版社，2011.

［6］王冬霞. 集成门电路应用电路设计［M］. 北京：清华大学出版社，2013.

［7］王晓鹏. 面包板电子制作 100 例［M］. 北京：化学工业出版社，2020.

［8］赵景波. 数字电子技术应用基础［M］. 北京：人民邮电出版社，2009.